NCS 적용 교육!!

피부미용

위생관리

메디시인

머리말

국내 기술교육 수준의 표준화인 국가직무능력표준(NCS)은 대학교육과 산업현장의 상호 연계성에 대한 중요성을 강조합니다. 지난 사회에서 대학 졸업장이 취업을 보장해주는 수단이었다면, 현대 사회는 취업 과정에서, 스펙보다는 실제 업무현장에서 활용능력이 강조되는 시대입니다. 실제로 현재 대학교육도 많은 부분 산업현장 중심으로 전환되고 있으며, 취업과 동시에 업무에 투입될 수 있는 실전 인력을 양성하는 것을 목표로 하고 있습니다.

이 책은 현장 실무형 인재 양성을 위한 NCS와 글로벌 에스테틱 기업 '약손명가'의 노하우가 접목된 실무서적입니다. 약손명가 현장의 교육시스템 및 피부관리 노하우를 담기 위하여 전국의 저명한 피부미용 관련학과 교수 및 약손명가의 원장들을 대표하여 17인의 원장·교수들이 협력, 집필에 참여하였습니다.

첫 장부터 마지막 장까지 약손명가의 실제 교육 시스템과 피부관리 노하우를 공개하고 대학에서의 연구·교육 프로그램이 더해졌습니다. 지난 36년간 쌓아온 약손명가만의 노하우를 공유하는 이유는 전국의 피부미용을 공부하는 학생들이 학교교육과 기업 현장에서 괴리감없이 행복하게 본인의 꿈을 펼쳐나가길 바라는 마음에서입니다. 나아가 대한민국 피부미용 업계가 더욱 발전하길 바라는 마음을 담았습니다.

이 책을 통해 피부미용 산업 맞춤형 인력 양성의 교육이 발전하기를 기대하며, 현장에서는 피부미용 인재들의 창의력개발 및 경로 지침서로 활용될 수 있기를 바랍니다.

을미년 가을에

대표저자 ㈜ 약손명가 대표 이병철

차례

NCS 적용교육!!

피부미용 위생관리

학습 1 피부미용 작업장 위생관리하기

학습 3 직원위생 관리하기

위생관리

학습 1 피부미용 작업장 위생관리하기
1201010210-14v2.1

학습 2 피부미용 비품 위생관리하기
1201010210-14v2.2

학습 3 직원위생 관리하기
1201010210-14v2.3

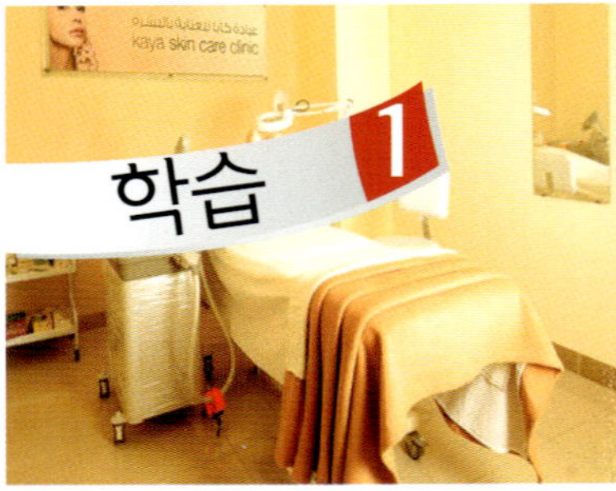

학습 1 피부미용 작업장 위생관리하기

1201010210_14v2.1

학습목표

- 위생관리 지침에 따라 피부미용 작업장 위생관리 업무를 책임자와 협의하여 준비·수행할 수 있다.
- 쾌적함을 주는 피부미용 작업장이 되도록 체크리스트에 따라 환풍, 조도, 냉·난방 시설에 대한 점검을 할 수 있다.
- 위생관리 지침에 따라 피부미용 작업장 청소 및 소독 매뉴얼을 작성할 수 있다.
- 피부미용 작업장 소독계획에 따른 작업장 소독을 통해 작업장의 위생상태를 관리할 수 있다.

1. 피부미용실의 위생

1. 공중위생관리법

피부미용은 다수인을 대상으로 위생관리 서비스를 제공하는 공중위생업으로 공중위생관리법에 속한다. 공중위생법의 정의를 보면 "공중위생영업"이라 함은 다수인을 대상으로 위생관리서비스를 제공하는 영업으로서 숙박업·목욕장업·이용업·미용업·세탁업·위생 관리 영업을 말한다. "피부 미용업"이란 손님의 얼굴·머리·피부 등을 손질하여 손님의 외모를 아름답게 꾸미는 영업을 말하며 공중위생관리법에 의하면 공중이 이용하는 영업과 시설의 위생 관리 등에 관한 사항을 규정함으로써 위생수준을 향상시켜 국민의 건강증진에 기여함을 목적으로 하는 것이다.

미용업(피부) 관련 시설 및 설비기준에 따르면 피부미용업무에 필요한 베드(온열장치포함), 미용기구, 화장품, 수건, 온장고, 사물함 등을 갖추어야 하고 미용기구는 소독을 한 기구와 소독을 하지 아니한 기구를 구분하여 보관할 수 있는 용기를 비치하여야 하며 소독기, 자외선 소독기 등 미용기구를 소독하는 장비를 갖추어야 한다.

공중위생관리법에 명시된 미용업에 대한 정의와 설비기준, 위생관리 기준, 소독과 관련된 법규와 방법은 다음과 같다.

1) 제2조 "미용업"이라 함은 손님의 얼굴·머리·피부 등을 손질하여 손님의 외모를 아름답게 꾸미는 영업을 말한다.

2) 제4조 (미용업의 세분)

① **미용업(일반)** : 퍼머·머리카락 자르기·머리카락 모양내기·머리피부 손질·머리카락 염색·머리 감기·의료기기나 의약품을 사용하지 아니하는 눈썹 손질·얼굴의 손질 및 화장을 하는 영업

② **미용업(피부)** : 의료기기나 의약품을 사용하지 아니하는 피부상태 분석·피부관리·제모(除毛)·눈썹손질을 하는 영업

③ **미용업(손톱, 발톱)** : 손톱과 발톱을 손질·화장하는 영업

④ **미용업(종합)** : 위의 업무를 모두 하는 영업

3) 제2조 관련 공중위생영업의 종류별 시설 및 설비기준(미용업)

① 미용업(일반)

- 미용기구는 소독을 한 기구와 소독을 하지 아니한 기구를 구분하여 보관할 수 있는 용기를 비치하여야 한다.
- 소독기·자외선살균기 등 미용기구를 소독하는 장비를 갖추어야 한다.
- 작업장소와 응접장소·상담실 등을 분리하여 칸막이를 설치할 수 있으나, 설치된 칸막이에 출입문이 있는 경우 출입문의 3분의 1 이상을 투명하게 하여야 한다.

② 미용업(피부) 및 미용업(종합)

- 피부미용업무에 필요한 베드(온열장치 포함), 미용기구, 화장품, 수건, 온장고, 사물함 등을 갖추어야 한다.
- 미용기구는 소독을 한 기구와 소독을 하지 아니한 기구를 구분하여 보관할 수 있는 용기를 비치하여야 한다.
- 소독기·자외선 살균기 등 미용기구를 소독하는 장비를 갖추어야 한다.
- 작업장소와 응접장소·상담실 등을 분리하여 칸막이를 설치할 수 있으나, 설치된 칸막이에 출입문이 있는 경우 출입문의 3분의 1 이상을 투명하게 하여야 한다.
- 작업장소 내 베드와 베드 사이에 칸막이를 설치할 수 있으나, 설치된 칸막이에 출입문이 있는 경우 그 출입문의 3분의 1 이상을 투명하게 하여야 한다.

4) 제7조 관련 공중위생영업자가 준수하여야 하는 위생관리기준(미용업자)

① 점빼기·귓불뚫기·쌍꺼풀수술·문신·박피술 그 밖에 이와 유사한 의료행위를 하여서는 아니된다.

② 피부미용을 위하여 약사법에 따른 의약품 또는 「의료기기법」에 따른 의료기기를 사용하여서는 아니된다.

③ 미용기구 중 소독을 한 기구와 소독을 하지 아니한 기구는 각각 다른 용기에 넣어 보관하여야 한다.

④ 1회용 면도날은 손님 1인에 한하여 사용하여야 한다.

⑤ 영업장 안의 조명도는 75룩스 이상이 되도록 유지하여야 한다.

⑥ 영업소 내부에 미용업 신고증 및 개설자의 면허증 원본을 게시해야 한다.

5) 소독과 관련된 법규 및 방법

공중위생관리법 제4조 (공중위생영업자의 위생관리의무 등)

① 제1항 : 공중위생영업자는 그 이용자에게 건강상 위해요인이 발생하지 아니하도록 영업관련 시설 및 설비를 위생적으로 안전하게 관리하여야 한다.

② 제4항 : 미용업을 하는 자는 다음 각 호의 사항을 지켜야 한다. 미용기구는 소독을 한 기구와 소독을 하지 아니한 기구로 분리하여 보관하고, 면도기는 1회용 면도날만을 손님 1인에 한하여 사용하며 이 경우 미용기구의 소독기준 및 방법은 보건복지부령으로 정한다.

6) 공중위생관리법 시행규칙 제5조

(이용기구 및 미용기구의 소독기준 및 방법)

① **자외선 소독** : 1㎠당 85㎼ 이상의 자외선을 20분 이상 쬐어준다.

② **건열멸균 소독** : 100℃이상의 건조한 열에 20분 이상 쐬어준다.

③ **증기소독** : 100℃이상의 습한 열에 20분 이상 쐬어준다.

④ **열탕소독** : 100℃이상의 물속에 10분 이상 끓여준다.

⑤ **석탄산수 소독** : 석탄산수(석탄산 3%, 물 97%의 수용액)에 10분 이상 담가둔다.

⑥ **크레졸 소독** : 크레졸수(크레졸 3%, 물 97%의 수용액)에 10분 이상 담가둔다.

⑦ **에탄올 소독** : 에탄올 수용액(에탄올이 70%인 수용액)에 10분 이상 담가두거나 에탄올 수용액을 머금은 면 또는 거즈로 기구의 표면을 닦아준다.

2. 피부미용과 위생

피부미용이란 고객의 얼굴 및 전신의 상태를 분석하여 분석결과에 맞는 관리를 기기, 화장품, 수기방법을 이용하여 피부 및 전신관리를 수행하는 대인서비스 영역이다. 다양한 사람들을 대상으로 도구와 기기, 손을 접촉하여 피부미용 업무가 이루어지기 때문에 작업장 환경과 사용하는 도구 및 비품, 피부미용사 등의 위생관리는 피부미용 업무에서 가장 중요하게 다루어져야 할 기본 문제이다.

불결한 작업장 환경과 사용하는 도구 및 비품, 피부미용사의 개인위생이 잘 관리되지 않았을 때 고객뿐만 아니라 피부미용사도 감염에 노출될 수 있기 때문에 피부미용에서 위생은 반드시 철저하게 지켜야 할 의무가 있다. 청결과 감염예방은 관리사와 고객 모두를 위한 것으로 작업장과 피부미용기기, 도구들을 적절하게 위생관리 또는 소독처리를 하지 않으면 관리사나 고객들이 모두 교차감염의 원인이 될 수 있다.

따라서 피부미용사는 작업장의 환경을 깨끗하게 유지하도록 해야 할 책임이 있으며 사용하는 도구, 기기, 침대, 주변 환경을 위생적으로 처리하여 관리사 본인과 고객들이 감염위험이 없도록 하고 위생과 소독에 대한 기본적인 지식과 책임감을 가져야 된다.

위생이란 건강의 유지·증진을 도모하기 위하여 질병의 예방이나 치료에 힘쓰는 일을 말한다. 질환을 일으키는 병원성 미생물에 감염되는 것을 예방하기 위해 오염 제거 과정을 통하여 미생물을 안전한 수준까지 제거하는 과정을 위생이라 한다.

위생을 위한 방법으로는 세척, 소독, 살균, 멸균 등이 있다.

소독이란 병원균의 감염을 제거하는 것을 말하며, 미생물의 생활력을 파괴, 또는 멸살시켜 감염 및 증식력을 없애는 것을 의미한다. 소독은 멸균과 달리 완전한 무균상태가 되는 것은 아니며, 미생물의 영향력을 사멸시킬 수는 있으나, 아포까지 파괴할 수는 없다.

(1) 소독, 살균, 멸균의 의미

① 소독

병의 감염이나 전염을 예방하기 위하여 병원균을 죽이거나 힘을 못쓰게 하는 방법으로 약품, 일광, 열탕, 증기 등을 이용한다. 여러 가지 물리·화학적 방법으로 유해 미생물을 가능한 한 제거하여 사람에게 감염의 위험이 없도록 하는 것을 말하며 비교적 약한 살균작용을 말한다.

보통 피부미용실에서 사용하는 기구류 중 손상되지 않은 피부와 접촉했거나 사용한 확대경, 기계의 외관, 정리대 등에 적용하는 방법이다.

② 살균

병원체 및 그 밖의 미생물을 약품에 의한 화학적 방법과 열을 이용한 물리적 방법을 통하여 단시간 내에 급속하게 사멸하는 것을 말한다.

피부미용실에서 사용하는 도구류나 기기류 중 감염 위험도가 높은 물건은 반드시 살균을 해야 되며 제모용 바늘, 여드름 압출기, 고주파 전극, 갈바닉 전극, 족집게 등이 여기에 포함된다.

③ 멸균

세균이나 균류 등의 미생물 및 포자를 전부 사멸시켜 무균의 상태로 만드는 방법을 말한다. 건조한 열을 이용하여 사멸하는 건열멸균법, 열·햇빛·자외선·초단파 등을 이용한 사멸법인 물리적 멸균법 등이 있다.

표 1-1 용어정의

종 류	방 법	기구 및 비품
자외선 소독	1cm²당 85μW 이상의 자외선을 20분 이상 조사	컵, 스파튤라, 브러시, 해면
자비 소독	100℃에서 15분 이상 끓임	타올, 컵, 여드름 추출기, 면소재 종류
석탄산수 소독	석탄산수(석탄산 3%, 물 97%)에 10분 이상 담금	청소도구
크레졸 소독	크레졸수(크레졸 3%, 물 97%)를 사용	실내마루, 개수대, 화장실
에탄올 소독	에탄올 수용액(에탄올 70%)에 10분 이상 담가두거나 에탄올 수용액을 묻힌 면 또는 거즈로 표면을 닦음	전극, 여드름 압출기, 손소독, 유리관 등 기기의 액세서리, 정리대

(2) 소독약의 구비조건

① 살균력이 강해야 한다.

② 물품의 부식성·표백성이 없어야 한다.

③ 용해성이 높고, 안정성이 있어야 한다.

④ 침투력이 강해야 한다.

⑤ 경제적이고 사용방법이 간편해야 한다.

⑥ 독성이 약하여 인체에 해가 없어야 한다.

⑦ 식품에 사용 후에도 물로 세척이 가능해야 한다.

⑧ 불쾌한 냄새가 없어야 한다.

(3) 소독 시 주의사항

① 소독 할 대상의 성질에 유의하며 적절한 소독약이나 소독법을 선택하여 실시한다.

② 소독의 목적과 방법, 그리고 시간 등을 고려하여 사용한다.

③ 소독제는 사용할 때마다 적당한 양을 조금씩 만들어 사용한다.

④ 소독제는 밀폐하여 냉암소에 보관하여 사용한다.

⑤ 소독제의 라벨은 오염되지 않도록 하며 다른 것과 구별되도록 한다.

3. 소독과 살균법 종류

(1) 자연적인 소독법

① **희석에 의한 소독법** : 세척하는 것을 말하며 '깨끗이 씻는다'는 의미이며 대상물로부터 모든 이물질을 제거하는 과정으로 물, 기계적 마찰, 세제를 이용하여 이루어진다.

② **햇볕에 의한 소독법** : 자외선에 의한 살균효과와 수분건조 작용에 의한 소독법을 말한다.

③ **한냉에 의한 소독법** : 저온에 의한 세균신진대사 억제 및 증식저지 방법을 말한다.

(2) 물리적인 소독법 및 멸균법

① **건열 멸균법** : 건조한 상태를 유지하여 미생물을 제거하는 방법으로 화염 멸균법, 건열 멸균법이 있다.

② **습열 멸균법** : 끓는 물이나 증기를 이용하여 멸균하는 방법으로 자비소독이 가장 대표적인 방법이다. 보통 끓는 물 속에 소독할 물품을 담가 15분 이상 끓인다. 우유나 술 종류의 부패 방지에 많이 사용되는 섭씨 62~63도에서 30분간 가열하는 저온 살균법과 병원·실험실에서 가장 많이 사용되는 섭씨 100~135도의 수증기로 멸균하는 고압증기 멸균법도 습열 멸균법의 방법이다.

③ **광선에 의한 살균법** : 대표적인 살균방법으로는 자외선에 의한 살균법이 있으며 살균대상 물질에 거의 변화를 주지 않고 살균이 가능하다는 장점이 있으나 내부 침투력이 약해 살균작용이 주로 표면에서만 일어난다는 단점이 있다. 피부미용실에서 사용된 기기의 부품류에 주로 행하는 살균방법이다.

4. 피부미용실의 소독과 살균방법

(1) 습열 멸균법

끓여서 소독하는 자비소독은 간단하며 경제적이고 모든 부분에 골고루 열이 전달된다는 장점 때문에 많이 사용된다. 피부미용실에서 사용되는 물품들 중 열에 의해 변성되지 않는 유리제품, 타월, 터번, 가운 등의 면 소재 종류 등은 자비소독으로 위생을 관리한다.

(2) 광선에 의한 살균법

자외선은 태양광선 중 가장 강력한 살균작용을 가지고 있으며 대부분의 세균들은 자외선에 2~3시간 노출되면 사멸되거나 쇠약해진다. 피부미용실에서 사용한 비품이나 도구류 중 면 소재 종류는 자비소독 후 자외선에 일광소독을 통하여 관리하고, 열에 약하거나 변형이 될 수 있는 종류들은 세제 세척 후 또는 알콜 소독 후 자외선 살균 소독기를 이용하여 재소독하여 보관한다.

(3) 화학적 살균법

화학적 살균법이란 미생물에 대하여 살균력을 가지고 있는 화학 약제를 사용하는 방법을 말한다. 소독에 이용되는 약제는 인체에 무해하고 병원균에 대해서는 살균력이 있어야 하며 살균하고자 하는 대상물을 손상시키지 않는 것을 기본으로 한다.

① 화학적 살균법은 약제, 기체를 이용하는데 물질에 따라서 실시할 수 없는 것이 있다. 일상생활에서 소독제를 사용하여 하는 소독은 널리 사용되지만 모든 병원성 미생물을 멸균, 제거하지는 못한다. 목적에 따라 여러 가지 소독제를 사용할 수 있지만 소독제에 따라서 장단점이 있으므로 목적에 따라 적합한 소독제를 선택 한 후 사용농도, 소독에 걸리는 시간 등 소독제의 특징을 파악해야 한다.

② 화학적 약제의 종류는 알코올, 계면활성제, 과산화수소, 석탄산수, 크레졸, 포르말린, 헥사클로로펜 등이 있으나 이 중 피부미용실에서는 알코올을 이용한 살균방법을 많이 사용한다.
알코올류 중 살균제로 이용되는 것은 에탄올(ethanol)과 이소프로판올(iso propanol)이며 알코올은 70~80%를 이용한다.
공중위생법에 미용기구의 일반적 소독방법에는 석탄산수 소독, 크레졸 소독, 에탄올 소독이 있다.

2) 산화제 : 산화제의 종류는 오존, 과산화수소, 과망간산칼륨 등이 있다. 산화제는 산화 환원반응 통해 자신은 환원되면서 상대 물질을 산화시키는 물질이다.

① 과산화수소 : 1881년 테나르드에 의해 발견되었고 미생물을 살균할 수 있는 소독약제로 강력한 산화력을 지녔다. 2.5%~ 3.5% 수용액으로 소독에 많이 사용되고 있다. 갈색병에 담아 어두운 곳에 보관해야 한다.

② 과망간산칼륨 : 0.1%~0.5% 수용액으로 요도소독 기타 창상세척제로 사용되고 있다. 많은 종류의 바이러스를 비활성화 시키고 1% 용액은 결핵균으로 오염된 유리기구 살균이 가능하다.

③ 생석회 : 냄새가 없고 백색 또는 회백색의 고형이거나 백색의 분말이고 산화칼슘을 96% 이상 포함한다. 분뇨, 토사물, 쓰레기통, 하수도, 수조 등에 사용하고 생석회와 물 4:6, 석회유는 20%의 수용액으로 활용한다. 물의 소독은 12시간동안 방치하고, 석회유를 물의 양의 1/30 정도로 하고 배설물 소독은 2시간 이상 방치하면 된다. 직물을 부식시키고 사용할 때마다 새로 조제해야 하는 주의점이 있다.

④ 승홍 : 냄새가 없고 백색의 결정성 분말이거나 무거운 무색 결정이다. 강한 살균력이긴 하나 균체 단백질 응고 작용으로 유기 물질이 많은 경우에는 내부까지 완전한 소독이 어렵다. 피부, 기구 등의 대장균, 포도상 구균 등 여러 가지 균에 쓰이고 피부 소독은 0.1%의 승홍수 용액을 사용하는데 승홍:식염:물을 1:1:1000mL 양으로 첨가하면 된다. 금속을 부식시키고 점막에 자극성이 강한 맹독이므로 보존이나 취급, 사용에 주의해야 한다.

⑤ 역성비누(양성계면활성제) : 무독·무자극·무해·무미이므로 식품의 소독에 사용할 수 있고 엷은 황색을 띠고 물과 같은 투명한 액이다. 흔들면 거품이 나고 물에 잘 녹는다. 수지, 기구, 식기 소독에 사용할 수 있으며 소독 시 원액 1~5㎖ 또는 3% 수용액을 사용하고 식기나 기구 등은 0.5~0.25%

의 수용액에 30분 이상 담가둔다. 비누와 함께 사용하면 침전을 일으켜 소독력이 현저하게 저하되고 많은 유기체가 있으면 살균력이 떨어지므로 배설물, 하수 소독에는 부적합하다.

⑥ 오존 : 냉장고, 저온 저장고에서의 식품오염 방지, 상수도나 풀장 물의 살균, 공장폐수의 악취제거, 공기 환기시스템 등에 이용된다.

⑦ 베이킹소다(천연 세제) : 탈취, 중화, 발포, 연마, 연수용 알카리성 물질로 산성성분(기름때, 냄새)을 중화시켜 오염을 제거한다.

표 1–2 피부미용실의 기구 및 비품 소독방법

종 류	방 법	기구 및 비품
자외선 소독	1cm² 당 85㎼ 이상의 자외선을 20분 이상 조사한다.	컵, 스파튤라, 브러시, 해면
자비 소독	100℃에서 15분 이상 끓인다.	타올, 컵, 여드름 추출기, 면소재 종류
석탄산수 소독	석탄산수(석탄산 3%, 물 97%)에 10분 이상 담가둔다.	청소도구
크레졸 소독	크레졸수(크레졸 3%, 물 97%)를 사용한다.	실내 마루, 개수대, 화장실
에탄올 소독	에탄올 수용액(에탄올 70%)에 10분 이상 담가두거나 에탄올 수용액을 묻힌 면 또는 거즈로 표면을 닦아준다.	전극, 여드름 압출기, 손소독, 유리관 등 기기의 액세서리, 정리대

2. 피부미용실 환경위생

피부미용은 편안한 분위기와 휴식을 제공하여 심리적, 정신적 만족감과 함께 미적인 만족감을 줄 수 있도록 조성되어야 한다. 스트레스가 많은 현대인들은 미적인 관리 목적뿐만 아니라 편안함과 휴식을 얻고자 하는 목적으로 피부미용실을 방문하기 때문이다. 따라서 피부관리를 받는 관리실 내부는 물론 고객의 시선이 미치는 외부 주변의 청결상태와 냉·난방 시설, 환풍, 조명 등 위생적이고 쾌적한 실·내외 환경정리가 필수적이다.

피부미용실은 고객을 1 : 1로 상대하게 되는 접객서비스가 기본이 되며 비교적 긴 시간을 고객과 접촉하며 관리가 이루어지므로 피부미용실 환경을 포함한 피부미용서비스, 피부미용사의 태도 등 복합적인 요인들이 서비스 만족에 영향을 미친다.

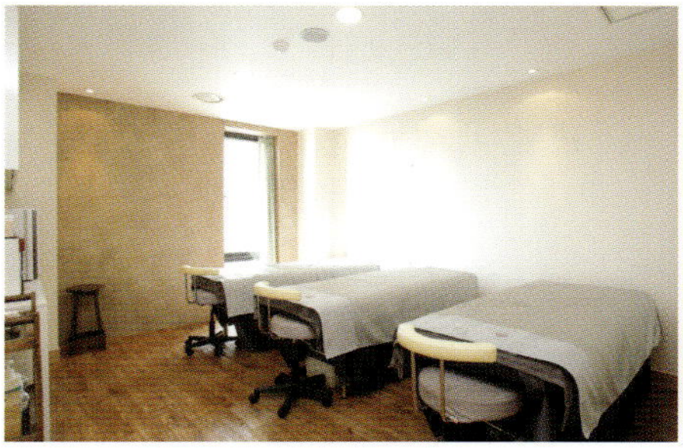
피부미용실 내부

고객대기실

리셉션

파우더룸

그림 1-1 피부미용실

1. 냉·난방 시설

피부미용을 위한 절차에 맞게 탈의가 이루어진 상태에서 관리가 진행되기 때문에 피부미용실 내부의 온도를 체온이 보호될 수 있도록 적절하게 유지할 수 있어야 한다. 너무 지나친 냉·난방이 되지 않도록 하며, 피부미용실 전체와 독립된 관리실 공간별로 온도를 조절할 수 있도록 냉·난방기가 설치 되도록 하는 것이 바람직하다. 계절에 맞게 이용할 수 있도록 열선이 있는 침대, 냉풍기 등을 갖추어 놓도록 하는 것이 필요하다.

냉·난방기는 송풍구와 팬에 먼지와 세균, 곰팡이가 쌓이기 쉬우므로 청결한 관리가 필수다. 냉각핀은 항상 젖어 있기 때문에 1개월에 한 번씩 필터와 함께 청소하고 1년에 한 번은 살균·소독하는 것이 좋다.

냉·난방기는 중성세제를 적신 면이나 거즈를 이용하여 송풍구와 외부를 닦아주며, 냉각핀은 곰팡이 제거제를 이용하여 1개월에 한 번 청소한다. 필터는 1개월에 한 번 먼지를 털어내고 물세척을 하여 말린 후 사용한다. 1년에 한번 냉·난방기는 정기적인 필터청소를 전문 업체에 의뢰하여 실시한다.

(1) 냉각핀과 먼지필터 청소방법

① 에어컨 그릴을 열고 먼지 필터를 뺀다.

② 먼지 필터를 뺀 후 냉각핀에 분무형 세정제를 뿌리고 먼지를 칫솔이나 브러시로 털어준다.

③ 곰팡이 제거제를 분사한다.

④ 먼지 필터에 먼지가 끼어 있지 않은 부분에 물을 뿌려둔다(이렇게 해야 먼지가 필터에 끼지 않고 빠져나온다). 먼지가 심한 경우 중성세제를 사용한다.

⑤ 부드러운 솔을 이용하여 닦아준다(무리하게 닦으면 필터가 훼손될 수 있다).

⑥ 물청소를 한 후 그늘에서 완전히 말려준 다음 필터를 끼운다.

먼지필터 빼기

먼지 없는 곳에 물 뿌리기

솔로 닦기

그늘에서 말리기

그림 1-2 먼지필터 청소

2. 환풍, 공기청정 시설

고객에게 최적의 상태를 제공하기 위해서는 오감만족을 위한 향을 제외한 어떠한 냄새나 습기가 발생되지 않도록 주의하여야 하며, 이를 위한 환기시설 또는 공기청정기가 구비되어 있어야 한다. 온도와 빛, 습도의 환경인자는 생체리듬에 많은 영향을 미치므로 샤워실, 화장실, 세탁실, 다용도 공간 등의 환풍이 잘 될 수 있도록 하여야 한다.

공기청정기는 정기적으로 점검하여 청소하고 필터는 오염원이 되므로 제품 사용 방법에 따라 자주 교체하도록 하며 환기 창구는 먼지가 결집되는 곳이므로 날개 및 환기구를 물걸레를 이용하여 자주 닦도록 한다.

(1) 환풍기 청소방법

① 커버를 떼어낸다.

② 떼어낸 커버는 물을 이용하여 세척한다. 먼지가 심한 경우 중성세제를 이용한다.

③ 부드러운 솔을 이용하여 틈새를 깨끗이 닦는다.

④ 몸체 팬에 붙어 있는 먼지는 마른 솔을 이용하여 털어낸다(물이 닿지 않게 주의한다).

⑤ 씻어낸 커버는 잘 말려서 다시 끼워 놓는다.

그림 1-3 환풍기

3. 조도, 채광

피부미용을 위한 관리공간과 상담 공간 등 사용되는 목적에 따라 조명과 채광이 다르게 연출되어야 한다. 고객이 들어오는 입구와 데스크는 밝은 자연채광이 좋으며 피부미용 관리 공간은 고객이 관리받는 동안 편안함을 유지할 수 있도록 직·간접 조명을 설치하여 빛 조절을 할 수 있도록 하는 것이 바람직하다.

조명기구는 한달에 한 번 이상 청소하고 적정 조도보다 낮지 않도록 조도유지에 신경 쓰도록 하여야 한다. 블라인드나 롤스크린의 경우 자주 먼지를 털고 소재에 따라 마른걸레 또는 물걸레로 닦아낸다. 주방용 세제나 식초와 물을 1:1 분량으로 섞어 마른걸레에 묻혀 닦아내고 물기가 완전히 없어지도록 닦아 준다.

그림 1-4 조도와 채광시설

(1) 조명기구 청소방법 (분리해서 청소하는 방법)

① 커버종류나 형태에 따라 커버를 열어 분리한다.

② 커버에 뜨거운 물을 뿌려 먼지를 불려준다.

③ 부드러운 솔에 중성세제나 샴푸를 묻혀 닦고 깨끗이 헹구어 준다.

④ 1~2시간 정도 완벽하게 건조시킨다.

⑤ 등은 유리세정 티슈를 이용하여 닦아주고 다시 물수건을 이용하여 세제를 없애준다.

⑥ 등 부분의 오염이 심할때는 물에 식초를 희석하여 걸레에 묻혀 여러번 닦아준다.

⑦ 완전히 물기가 마른 다음 부착한다.

(2) 조명기구 외부 청소방법

① 조명기구 위쪽으로 휴지를 덮어서 중성세제를 뿌리고 10~20분 정도 둔다.

② 먼지가 불어 떠오르면 휴지를 떼어내고 헝겊에 물을 묻힌 후 닦아낸다.

(3) 블라인드 종류별 청소 방법

① 우드 블라인드는 수분에 약하기 때문에 먼지를 털어낸 다음 마른걸레를 사용하여 닦아준다.

② 묵은 때나 얼룩은 목재용 세제를 사용하여 닦아낸다.

③ 알루미늄 블라인드도 물 얼룩이 남기 쉬우므로 먼지를 털어낸 다음 마른 걸레로 닦아낸다.

④ 롤 스크린 블라인드는 먼지털이로 자주 먼지를 제거해주고 부드러운 브러시를 이용하여 블라인드 전체를 닦아내고 물로 헹군 후 물기를 없애고 다시 설치한다.

우드 블라인드

알루미늄 블라인드

롤 스크린

그림 1-5 종류별 블라인드

4. 피부미용실

피부미용실 내부 공간인 프론트, 상담실, 관리공간, 대기실, 탈의실, 샤워실 등 고객이 사용하고 활용하는 공간과 직원 활용 공간 모두 항상 깨끗하고 청결한 상태가 유지되도록 하며, 타월, 컵 등 고객이 사용할 수 있는 비품 및 소품의 청결상태를 항상 점검하도록 한다. 샤워실의 벽과 바닥은 소독제를 이용하여 고객이 사용 후 깨끗하게 청소하고 머리카락이나 오물이 끼여있지 않도록 닦아준다. 관리실은 평소에는 바닥을 쓸고 물걸레질을 하지만 묵은 때를 청소하기 위해서는 중성세제나 린스 등을 이용하여 청소를 한다.

바닥의 오염된 곳은 중성세제를 물과 희석한 후 걸레로 바닥면에 흠뻑 적신 후 약 5분 정도 경과 후 마포질을 한다. 오염이 심한 부분은 스펀지로 문지르고 2~3차례 린스 하면 된다.

관리실도 고객이 관리를 받는 과정에서 머리카락이 많이 떨어지고 관리를 할 때 오일이나 크림이 떨어져서 미끄러울 수 있기 때문에 떨어진 머리카락은 수시로 줍고 떨어진 크림은 그 즉시 닦도록 한다. 매번 청소를 해도 오일과 크림이 바닥에 떨어지는 경우가 많기 때문에 물로 잘 닦이지 않아서 찌든 때가 낄 수 있다. 물과 중성세제를 섞어서 일주일에 한 번은 대청소를 해주면 좋다.

탈의실은 고객이 옷을 갈아 입으면서 먼지가 많이 떨어지는 공간이므로 수시로 물걸레로 먼지를 닦아주고 오염된 곳은 중성세제와 물을 희석한 후 걸레를 사용하여 닦아주면 된다.

샤워실과 화장실은 타일로 되어 있고 습하기 때문에 구석에 곰팡이와 물때가 잘 생기기 때문에 수시로 확인을 해야 한다. 락스와 중성세제와 물을 희석해서 바닥을 닦아주면 물때가 잘 없어진다. 곰팡이가 생긴 곳은 거즈에 락스 또는 곰팡이 제거제를 적셔서 붙여 놓았다가 제거하면 곰팡이가 쉽게 없어진다.

(1) 피부미용실 공간별 청소 방법

① 물걸레를 이용하여 관리실 공간의 먼지를 닦아낸다.
② 바닥은 물걸레와 마른걸레를 이용하여 닦아내어 물기가 없도록 한다
③ 침대는 마른걸레를 이용하여 닦아내고 자비 소독된 타올과 비품을 이용하여 정돈한다.
④ 고객사용 후 베드에 물과 알콜을 1:1로 섞어 뿌린 후 수건으로 닦아준다
⑤ 정리대와 도구류는 에탄올을 적신 거즈나 면을 이용하여 닦아낸다.
⑥ 화장품 용기는 에탄올을 적신 거즈나 면을 이용하여 바깥 부분을 닦아 정리하고 뚜껑이 분리되어 있지 않도록 관리한다.

⑦ 휴지통은 물과 세제를 이용하여 세척하고 키친타올을 이용하여 물기를 제거한다.

⑧ 자외선 살균소독기, 온장고의 외부는 에탄올을 이용하여 닦아주고 내부의 선반은 세제를 이용하여 세척하고 물기를 닦아 정리한다.

⑨ 샤워실은 하수구의 머리카락이나 오물을 제거하고 칫솔을 이용하여 깨끗이 닦아낸다.

⑩ 샤워실 바닥과 벽면은 중성세제나 샴푸를 이용하여 수세미로 닦아내고 마른걸레를 이용하여 물기를 제거한다. 락스와 중성세제를 희석하여 샤워실과 화장실 바닥, 세면기의 물때를 제거한다.

5. 화장실, 세면대, 거울

화장실은 일회용 시트나 소독제를 비치하여 고객이 변기를 위생적으로 사용할 수 있도록 하며, 냄새가 발생되지 않도록 환풍을 자주해주고 정기적인 소독을 실시하도록 한다. 세면대 또한 물기가 떨어져 있지 않도록 항상 체크하고, 고객용 타월과 티슈를 별도로 준비해 둔다.

거울은 얼룩이나 자국이 없도록 관리하도록 하며 유리나 거울은 유리세정제를 이용하여 유리를 닦고 물걸레를 이용하여 창문과 창틀의 먼지를 닦는다.

그림 1-6 정리정돈과 위생 관리가 잘 된 화장실

6. 소파, 의자, 테이블, 진열장

진열장에 필요한 물건들이 없는지 확인하고 진열된 제품에 먼지가 없도록 매일 닦고 정리한다. 의자와 소파, 테이블은 마른 걸레나 전용 청소용품을 이용하여 매일 닦아준다.

표 1-3 피부미용실 소독방법

구 분	종 류	실시내용	청소도구 소독 방법
관리실 공간	공간의 먼지, 바닥	물걸레/마른걸레, 락스, 중성세제	석탄산수
	침대	마른걸레	자비소독
	정리대,도구류	에탄올 적신 거즈나 면	자비소독
	화장품 용기	에탄올 적신 거즈나 면	자비소독
	휴지통	물과 세제로 세척	자연건조
	자외선 살균소독기, 온장고	외부는 에탄올, 내부는 세제로 세척	자연건조
냉·난방, 조명시설	외부관리	중성세제 적신 면과 거즈, 마른걸레	자비소독
	냉·난방 필터	1년 1회 전문업체 의뢰	
유리창, 거울	유리	유리세정제	자비소독
	창문과 창틀	물걸레	석탄산수
	블라인드, 롤스크린	먼지털이, 마른걸레나 물걸레	석탄산수
세탁실, 화장실, 샤워실	바닥과 벽, 세면대, 변기	전용세제와 걸레	석탄산수
	환풍기	물걸레와 마른걸레	석탄산수
	공간	크레졸수나 전용세제	석탄산수
냉장고, 정수기, 세탁기	내부선반	중성세제로 세척	자연건조
	내·외부	전용세제와 수건	자비소독
	정수기 필터	정기적인 교체	
	세탁통	식초를 이용한 통세척	
소파, 의자, 테이블, 진열장	외부	마른걸레나 전용 청소용품	자비소독
블라인드	우드 재질	먼지털이, 마른걸레, 목재용세제	석탄산수
	알루미늄	먼지털이, 마른걸레	석탄산수
	롤스크린	먼지털이, 마른걸레,브러시로 물세척	석탄산수

표 1-4 피부미용실의 환경위생 점검표

구 분	점검사항	양호	보강	불량
입구	입구 매트는 깨끗한가?			
	출입문의 유리나 창은 깨끗한가?			
	화분의 상태는 양호한가?			
	살롱의 마크나 상징물은 잘 보이는가?			
리셉션 (인포)	테이블 및 진열장은 정리가 잘 되었는가?			
	전화기에서 냄새는 나지 않는가?			
	휴지통은 위생적으로 관리가 되어 있는가?			
고객 대기장소	테이블과 의자(소파)는 청결하게 관리가 되어 있는가?			
	우산꽂이나 잡지꽂이가 관리가 잘 되어 있는가?			
	진열장과 제품들이 깨끗하게 정리가 되어 있는가?			
	컵이나 티슈 등 물품들이 위생적으로 정돈되어 있는가?			
상담실	불필요한 물건들이 비치되어 있지 않은가?			
	컴퓨터와 부속기기들은 작동이 잘 되는가?			
	피부상담을 위한 책자와 도구들은 잘 정돈되어 있는가?			
	정수기는 위생적으로 관리가 되어 있는가?			
	냉·난방 시설은 정기적으로 관리되고 있는가?			
다용도실 (탕비실)	세탁기는 정기적으로 세척을 하여 사용하는가?			
	배수가 잘 되고 습기가 없는가?			
	개수대는 물이 잘 빠지고 냄새가 나지 않는가?			
	비품정리장과 제품 보관장은 깨끗하게 정리되어 있는가?			
탈의실	락커룸은 깨끗하게 관리되어 있는가?			
	가운과 슬리퍼 등 고객용 비품은 깨끗한 상태로 정리되어 있는가?			
	열쇠는 잘 관리가 되어 있는가?			
피부 관리실	바닥은 깨끗하게 청소되어 있는가?			
	침대는 깨끗한 상태로 정리되어 있는가?			
	타올, 해면 등 사용 비품과 집기류는 위생적으로 처리되어 준비되어 있는가?			
	온장고/자외선 살균 소독기 등 사용 기구와 기기류는 위생적으로 관리되어 있는가?			
	냉·난방시설과 조명, 공기청정기 등은 용도에 맞게 준비되고 깨끗하게 관리되어 있는가?			

(계속)

구 분	점검사항	양호	보강	불량
화장실/ 샤워실	바닥과 벽면이 깨끗한가?			
	일회용 시트나 소독제가 구비되어 있는가?			
	수건이 위생적으로 관리되어 있는가?			
	세면대는 깨끗한 상태인가?			
	환풍시설이 잘 되어 있는가?			
	발매트는 깨끗한 상태인가?			
파우더룸	거울은 깨끗하게 관리되어 있는가?			
	빗이나 티슈, 드라이기 등과 화장품류는 정돈이 잘 되어 있는가?			
	휴지통은 깨끗한가?			
직원 휴게실	냉장고는 깨끗하게 정리되어 있는가?			
	전자레인지는 깨끗한가?			
	음식물 쓰레기 등 냄새가 나지 않는가?			
	식기류, 컵 등은 깨끗하게 정리되어 있는가?			
평가				
담당	년 월 일			

표 1-5 화장실 위생/정돈 세부 점검표

년 월

요일(날짜) 점검사항	월(일)			화(일)			수(일)			목(일)			금(일)			토(일)		
	양호	보강	불량	양호	보강	불량	양호	보강	불량	양호	보강	불량	양호	보강	불량	양호	보강	불량
바닥/벽면																		
세면대/거울																		
휴지통 처리상태																		
변기 위생상태																		
화장실 냄새																		
물품 비치상태																		
점검자																		

표 1-6 피부미용시설별 환경위생 점검표

년 월

날짜	점검내용																					
	관리실		냉·난방기		조명 시설		유리창, 거울, 커튼		세탁실		샤워실		화장실		냉장고		정수기		소파, 테이블, 진열장		점검자
	양호	개선	양호	개선	양호	개선	양호	개선	양호	개선	양호	개선	양호	개선	양호	개선	양호	개선	양호	개선	양호	개선	

표 1-7 환경시설 점검표

관리자 명 :

년 월 일

구 분	실 시 내 용			
	내부점검	외부점검	코드점검	작동상태 점검
냉·난방기				
환기, 공기청정				
조명, 채광				
점검 결과 특이사항				

3. 피부미용실 환경정리

1. 입구

① 입구의 매트가 청결한지 확인한다.

② 출입문의 유리나 창, 손잡이 등이 깨끗한지 확인한다.

③ 비가 올 경우 입구에 카펫을 깔아놓고 우산꽂이를 준비한다.

그림 1-7 입구 매트와 우산꽂이

④ 화분의 상태, 받침대 등이 양호한지 확인한다.

⑤ 살롱의 마크나 상징물이 잘 보이도록 정리한다.

⑥ 입구 계단이 청결한지 틈틈이 확인하고 청소한다.

2. 리셉션 (인포메이션)

① 인포 위에는 프로그램 책자와 리플릿, 명함을 배치한다.

② 예약노트와 볼펜은 한쪽에 정리해 둔다.

③ 불필요한 물건(자, 메모지 등)은 서랍에 깔끔히 정리해서 넣어 놓는다.

④ 컴퓨터(키보드, 마우스), 파일, 전화기는 손걸레로 매일 깨끗이 닦아 준다.

⑤ 전화기 상태를 확인하고 냄새가 나지 않도록 매일 알코올 솜을 이용하여 닦아준다.

⑥ 전화 상담을 위한 메모를 위하여 메모지와 필기도구를 정리하여 준비하여 놓는다.

⑦ 실내온도는 겨울에는 훈훈하게, 여름에는 시원하게 하여 환경에 대한 고객 만족을 주도록 한다.

그림 1-8 리셉션(인포메이션) 전경

3. 고객대기 장소

① 소파나 테이블 액자류 등을 잘 정리해 놓는다.

② 잡지, 자료, 책 등을 보기 좋게 정리해 놓는다.

③ 휴지통, 관상용 화초 등의 청결 상태를 항상 점검한다.

④ 진열장과 제품들이 깨끗하게 정리되어 있는지 확인한다.

⑤ 컵이나 티슈 등 고객을 위한 비품이 위생적으로 정돈되어 있는지 확인한다.

그림 1-9 인포메이션 위 정리

그림 1-10 청결과 위생이 갖춰진 고객대기실

4. 상담실

① 방문 고객에게 호기심을 자극하고 전문성을 보여줄 수 있도록 피부미용실 홍보사진이나 책자 등을 비치하고 벽면에는 각종 디플로마, 면허증을 깔끔하게 정리해 놓는다.

② 피부상담을 위한 책자와 프로그램 매뉴얼과 고객카드를 보기 좋게 정돈해 놓는다.

③ 피부분석용 기기, 손 소독제, 화장솜, 티슈 등을 정리해 놓는다.

④ 기계류는 항상 청결하게 청소하고 안전점검을 한다.

⑤ 냉·난방기 가동상태와 온도를 항상 확인한다.

그림 1-11 상담실 내부

5. 피부미용실

① 바닥이 깨끗하게 청소되어 있는지 확인한다.

② 베드 세팅 상태를 확인한다.

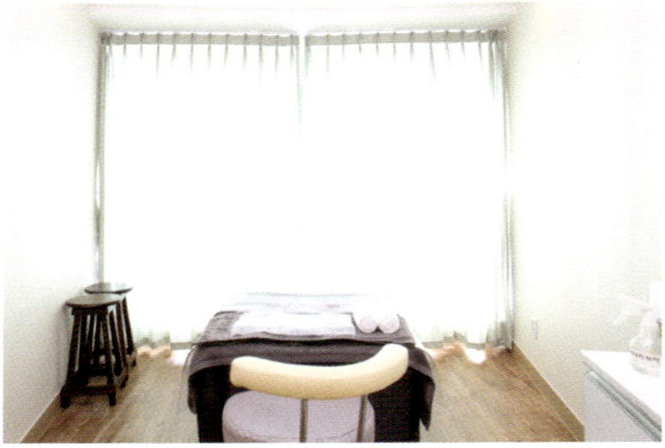

그림 1-12 베드의 이불과 수건 세팅 예시

③ 타올, 해면 등 사용 비품과 집기류가 위생적으로 처리되어 정돈되어 있는지 확인한다.

그림 1-13 온타올 준비 온장고 예시

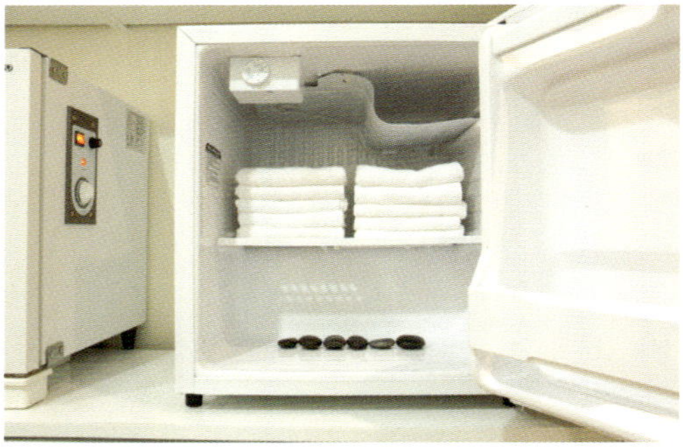

그림 1-14 냉장고 냉습포 준비 예시

④ 피부관리를 위한 왜건정리 상태를 확인하고 부족한 물품이나 비품을 채워 놓는다.

그림 1-15 왜건의 제품, 비품 소모품 진열 예시

⑤ 자외선 살균소독기의 작동상태 및 위생상태를 확인한다.

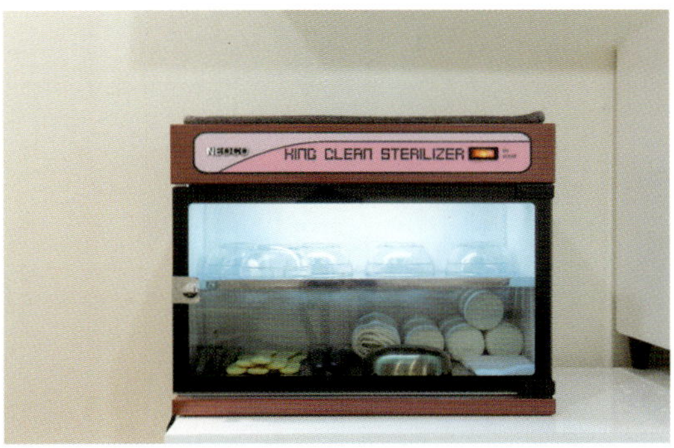

그림 1-16 자외선 살균소독기

⑥ 관리실 의자의 작동상태 및 청결상태를 확인한다.

⑦ 휴지통이 깨끗하게 정리되어 비치되어 있는지 확인한다.

그림 1-17 매일 한꺼번에 물과 중성세제로 세척하여 말리기

⑧ 온장고 사용 후 마무리 시 문을 열어 환기를 하도록 한다.

그림 1-18 온장고 환기

6. 다용도실(탕비실)

① 비품 정리장과 제품 보관장이 깨끗하게 정리되어 있는지 확인한다.

② 개수대는 물이 잘 빠지고 냄새가 나지 않도록 매일 청소한다.

③ 식기, 도구류 등을 깨끗하게 씻어 정리한다.

④ 냉장고에 유통기한이 지난 음식이 있는지 확인하고 정리한다.
⑤ 음식물 쓰레기 처리가 위생적으로 되어 있는지 확인한다.
⑥ 분리수거가 되어 있는지 확인한다.
⑦ 전자레인지, 정수기 등의 위생상태를 확인한다.
⑧ 냄새제거를 위한 탈취제 비치상태를 점검한다.
⑨ 바닥은 세제를 이용하여 수세미로 닦고 마른걸레나 신문지를 이용하여 물기를 정리한다.

7. 탈의실

① 바닥은 물걸레로 먼지를 닦아주고 오염된 곳은 중성세제와 물을 희석한 후 걸레를 사용하여 청소한다.
② 탈의실에 정리되지 않은 옷이 있는지 확인 후 정리한다.
③ 일회용 팬티가 있는지 확인하고 항상 채워놓는다.
④ 락커룸을 열어서 내부정리 상태를 확인한다.
⑤ 가운과 고객용 관리복은 개어서 로고 띠와 로고 스티커를 붙여서 탈의실에 깔끔하게 정리정돈한다.

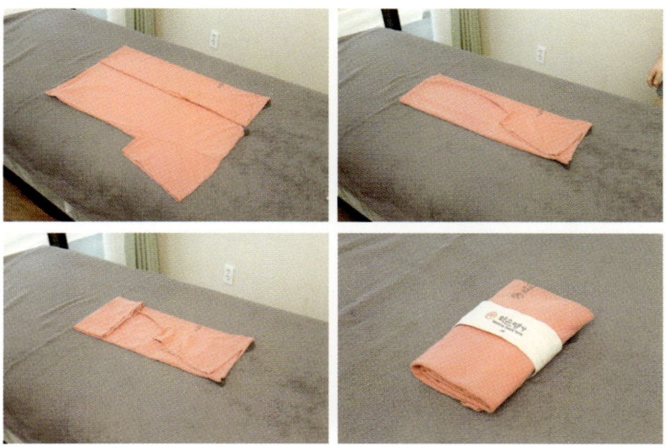

그림 1-19
상의 정리방법

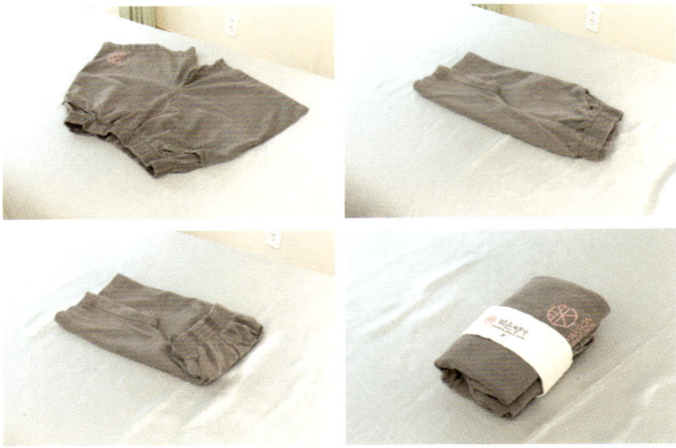

그림 1-20 하의 정리방법

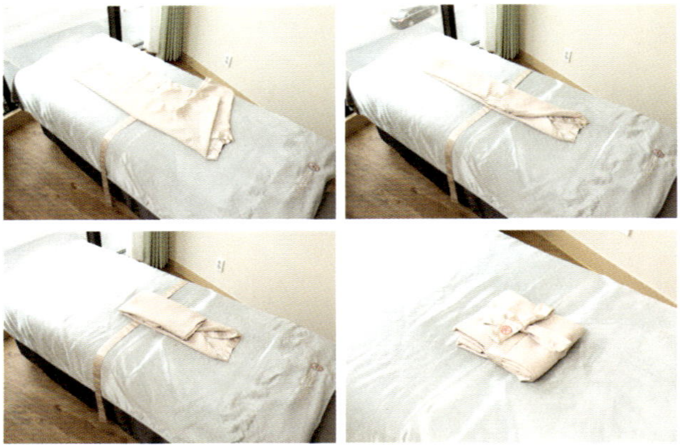

그림 1-21 가운 정리방법

⑥ 탈의실에 위생팬티가 배치되어 있는지 확인한다.

⑦ 고객용 바지는 사이즈별로 정리해둔다.

그림 1-22 사이즈별 정리

8. 세탁실

① 바닥은 물걸레와 마른걸레를 이용하여 닦아내어 물기가 없도록 한다.

② 건조기 소리나 세탁기 소리가 날 수 있으므로 탕비실 문은 항상 닫아 둔다.

③ 퇴근시에는 환기를 위하여 문을 열어 놓도록 한다.

④ 세탁기는 정기적으로 세척이 되어 있는지 점검하고 작동상태도 점검한다.

⑤ 세탁시 세제 1/2스푼+ 트리오 100 mL+ 락스 50 mL를 30분 불린 후 세탁하며 섬유유연제를 넣고 헹굼 상태로 되어 있는지 확인한다.

⑥ 색깔이 있는 타올과 옷은 분리하여 세탁이 되어 있는지 확인한다.

⑦ 세탁시 사용할 세제류가 준비되어 있는지 확인하고 없으면 비치하도록 한다.

⑧ 일주일에 2번 종이컵에 가득 식초를 넣고 세탁기 통을 세척한다.

9. 화장실

① 화장실 바닥은 락스를 이용하여 솔로 닦는다.

② 세면대는 중성세제와 솔을 이용하여 닦고 거울은 유리세정제를 이용하여 깨끗하게 닦아준다.

③ 세면대에 고객용 수건과 머리띠가 있는지 확인한 후 없으면 채워놓는다.

④ 세면대에 마른 수건을 동그랗게 말아서 비치한다.

그림 1-23 솔을 이용한 화장실 바닥 청소

⑤ 고객 사용 후 세면대 주위와 유리상태를 항상 체크하여 청결하게 한다.

⑥ 변기는 전용세제를 이용하여 매일 청소한다.

⑦ 휴지통은 매일 비우고 휴지는 항상 여유분을 배치한다.

⑧ 화장실 휴지는 항상 세모 모양으로 접어 있는지 확인한다.

⑨ 여성용품 비치가 되어 있는지 확인한다.

⑩ 사용한 여성용품 처리를 위한 팩이나 봉투 비치 상태를 확인한다.

그림 1-24 세모 모양으로 접은 휴지

그림 1-25 화장실 정돈상태

표 1-8 화장실 점검표

점 검 일		점 검 자	
항 목	점 검 내 용	점 검 란	비 고
대변기 및 주변	파손되어 있지 않은가?		
	세정수량은 적당한가(급수)?		
	물이 잘 배수 되는가(배수)?		
	물내림 장치가 정상 작동 및 누수는 없는가?		
	오염물질, 요석 등이 붙어있지 않은가?		
	금속류에 부식(녹)이 발생하지 않았는가?		
소변기 및 주변	파손되어 있지 않은가?		
	세정수량이 적당한가(급수)?		
	물이 잘 배수 되는가(배수)?		
	오염물질, 요석 등이 붙어 있지 않은가?		
	금속류에 부식(녹)이 발생하지 않았는가?		
세면기 및 주변	수도꼭지, 파손 및 누수가 없는가?		
	세면기의 파손이 없는가?		
	세면기의 물이 잘 배수되는가?		
	트랩(배수관)에 고장이 없는가?		
	거울이 파손, 오염 되어 있지 않은가?		
	금속류에 부식(녹)이 발생하지 않았는가?		
바 닥 면	배수구의 물이 잘 빠지는가?		
	타일 등이 파손되어 있지 않은가?		
	오염된 때가 부착되어 있지 않은가?		
화 장 실 문	문이 파손되어 있지 않은가?		
	도어 경첩이 파손되어 있지 않은가?		
	잠금장치가 파손되어 있지 않은가?		
(양호: ○ 보통: △ 불량: × 파손: ※)			

10. 샤워실

① 샤워실의 바닥과 벽에 물기가 있는지 항상 확인한다. 특히 고객 사용 후 물기제거가 되어 있는지 확인한다.

② 하수구의 머리카락이나 오물을 제거하고 칫솔을 이용하여 깨끗이 닦아낸다.

③ 바닥과 벽면은 중성세제나 샴푸를 이용하여 수세미로 닦아내고 마른걸레를 이용하여 물기를 제거한다.

④ 샤워실 내부 물때가 낀 곳은 락스와 중성세제를 이용하여 닦아낸다.

⑤ 타월 비치가 되었는지 확인한다.

⑥ 발 매트의 청결상태를 항상 확인하고 상태에 따라 교체해준다.

⑦ 샤워용품 및 도구류의 청결상태를 확인하고 부족한 제품은 항상 채워 놓는다.

그림 1-26 정리정돈이 잘 된 파우더룸

11. 파우더룸

① 유리세정제와 마른 걸레를 이용하여 거울과 화장대를 닦는다.

② 머리빗에 있는 머리카락은 수시로 제거하고 사용 후 알코올을 뿌려 소독한 다음 자외선 살균 소독기에 보관하도록 한다. 머리카락 제거시 빗 두 개를 겹쳐 빗어주면 잘 빠진다.

③ 화장품이 잘 정리되어 있는지 확인하고 뚜껑이나 용기를 깨끗하게 닦고 정돈 한다.

④ 화장솜, 티슈 등이 부족하지 않은지 확인 한다.

⑤ 스펀지, 퍼프 등의 관리가 위생적으로 되어 있는지 확인한다.

⑥ 드라이어 정리와 작동상태를 점검한다.

⑦ 자외선 살균소독기 작동상태와 청결상태를 확인한다.

학습 요약

피부미용 분야에서 위생에 대한 내용은 고객뿐만 아니라 피부미용사의 보호를 위해서도 매우 중요한 분야이다. 피부미용은 고객의 피부를 접촉하여 다양한 서비스를 제공하기 때문에 관리를 받는 환경을 포함하여 관리도구, 기기, 용품, 개인위생 등 많은 부분에서 위생 관리와 소독처리가 되지 않으면 관리사와 고객들이 모두 교차감염의 원인이 될 수 있기 때문이다.

피부미용실은 일반적으로 서비스를 제공하는 관리공간과 각종 재료 준비 및 보관을 위한 공간, 고객대기실, 탈의실, 화장실, 샤워실 등 다양한 목적을 가진 공간으로 구성되어 있어 작업장 환경에 따른 위생과 소독에 대한 책임이 필요하며 이는 피부미용인 스스로가 가장 중요하게 갖추어야할 직업인으로서의 기본 의무로 항상 염두에 두고 주의를 기울여야할 내용이다.

1. 위생을 위한 방법과 의미

① **소독** : 여러 가지 물리·화학적 방법으로 유해 미생물을 가능한 제거하여 사람에게 감염의 위험이 없도록 하는 것을 말하며 비교적 약한 살균작용을 말한다.

② **살균** : 병원체 및 그 밖의 미생물을 약품에 의한 화학적 방법과 열을 이용한 물리적 방법을 통하여 단시간 내에 급속하게 사멸하는 것을 말한다.

③ **멸균** : 세균이나 균류 등의 미생물 및 포자를 전부 사멸시켜 무균의 상태로 만드는 방법을 말한다.

④ **방부** : 약한 살균력을 이용해 병원 미생물의 성장과 작용을 억제 및 정지 시키며, 특히 음식물의 부패, 발효를 방지하도록 하는 것이다.

⑤ **청결** : 사람이나 기구 표면에 부적합하게 부착된 이물질을 제거하는 것을 말하며 소독에 필수적이다.

⑥ **위생** : 건강의 유지 및 증진을 위하여 질병의 예방이나 치유에 힘쓰는 것을 말한다. 종류에는 개인위생, 정신위생, 공중위생, 식품위생, 환경위생 등이 있다.

(1) 소독 시 주의사항

① 소독 할 대상의 성질에 유의하며 적절한 소독약이나 소독법을 선택하여 실시한다.
② 소독의 목적과 방법, 그리고 시간 등을 고려하여 사용한다.
③ 소독제는 사용할 때마다 적당한 양을 조금씩 만들어 사용한다.
④ 소독제는 밀폐하여 냉암소에 보관하여 사용한다.
⑤ 소독제의 라벨은 오염되지 않도록 하며 다른 것과 구별되도록 한다.

(2) 소독약의 구비조건

① 살균력이 강해야 한다.
② 물품의 부식성·표백성이 없어야 한다.
③ 용해성이 높고, 안정성이 있어야 한다.
④ 침투력이 강해야 한다.
⑤ 경제적이고 사용방법이 간편해야 한다.
⑥ 독성이 약하여 인체에 해가 없어야 한다.
⑦ 식품에 사용 후에도 물로 세척이 가능해야 한다.
⑧ 불쾌한 냄새가 없어야 한다.

2. 소독과 살균법 종류

(1) 자연적인 소독법

① **희석에 의한 소독법** : 물, 기계적 마찰, 세제를 이용하여 세척하는 것을 말한다.

② **햇볕에 의한 소독법** : 자외선어 의한 살균효과와 수분건조 작용에 의한 소독법이다.

③ **한냉에 의한 소독법** : 저온에 의한 세균신진대사 억제 및 증식저지 방법이다.

(2) 물리적인 소독법 및 멸균법

① **건열 멸균법** : 건조한 상태를 유지하여 미생물을 제거하는 방법으로 화염 멸균법, 건열멸균법이 있다.

② **습열 멸균법** : 끓는 물이나 증기를 이용하여 멸균하는 방법으로 자비소독이 가장 대표적인 방법이다.

③ **광선에 의한 살균법** : 대표적인 살균방법으로는 자외선에 의한 살균법이 있다. 살균대상 물질에 거의 변화를 주지 않고 살균이 가능하다는 장점이 있으나 내부 침투력이 약해 살균작용이 주로 표면에서만 일어난다는 단점이 있다.

(3) 화학적 살균법

화학적 살균법이란 미생물에 대하여 살균력을 가지고 있는 화학 약제를 사용하는 방법을 말한다. 화학적 약제의 종류는 알코올, 계면활성제, 과산화수소, 석탄산수, 크레졸, 포르말린, 헥사클로로펜 등이 있으나 이 중 피부미용실에서는 알코올을 이용한 살균방법을 많이 사용한다.

알코올류 중 살균제로 이용되는 것은 에탄올(ethanol)과 이소프로판올(isopro-panol)이며 알코올은 70~80%를 이용한다.

공중위생법에 미용기구 일반적 소독방법에는 석탄산수 소독, 크레졸 소독, 에탄올 소독이 있다.

① **알콜류** : 알코올은 손 소독, 피부 소독에 많이 쓰이며 완전한 멸균이 되지 않고 세포활동을 정지시키는 소독으로 소독력은 약하다. 칼이나 가위 등의 소독에도 쓰인다. 가장 오래 전부터 사용되어 왔고 에틸알코올, 메틸알코올, 이소프로필알코올이 쓰이는데 이 중 에틸알코올이 가장 널리 쓰인다.

② **석탄산수 소독** : 수지, 세탁할 의류, 침대커버, 천, 브러시, 고무제품, 실내 내부, 변기 등에 적합하고 석탄산수의 용도는 비교적 넓다.

③ **헥사클로로펜** : 기구소독이나 손 세척에 사용된다.

④ **크레졸 소독** : 객담, 분변, 분비물 등의 소독은 1~2% 함유액이 사용되고 손 소독에 많이 이용되며 의류, 침구류, 브러시, 가죽제품, 화장실에는 2~3% 크레졸수가 적당하다. 소독력이 강해 모든 세균에 효과가 있고 경제적이다. 강한 냄새가 결점이다. 소독방법은 크레졸수에 10분 이상 담가둔다.

⑤ **포르말린** : 비교적 안전하고 효과적인 위생처리제이며 살균제나 방부제로 사용할 수 있다. 살균제로는 10~20%의 용액을 사용하고 방부제는 5%용액을 사용한다. 피부에 닿으면 피부 손상을 일으킬 수 있고 흡입을 하면 코의 점막에 피해를 줄 수 있기 때문에 주의해야 한다.

⑥ **포름알데히드** : 자극성이 강하고 밀폐된 실내나 상자에서 발생 시켜 소독한다. 메틸알코올을 산화하여 만들어진 강한 가스체로서 가스 발생기나 분무기를 사용한다.

⑦ 소디움 치아염소산염 : 가정용 표백제로 액상으로 되어 있으며 10분 이상 도구를 담궈서 사용한다.

⑧ 산화제 : 산화제의 종류는 오존, 과산화수소, 과망간산칼륨 등이 있다. 산화제는 산화 환원반응 통해 자신은 환원되면서 상대 물질을 산화시키는 물질이다.

- 과산화수소 : 미생물을 살균할 수 있는 소독약제로 강력한 산화력을 지녔다. 2.5%~ 3.5% 수용액으로 소독에 많이 사용되고 있다.
- 과망간산칼륨 : 0.1%~0.5% 수용액으로 요도소독 기타 창상세척제로 사용되고 있다. 많은 종류의 바이러스를 비활성화 시키고 1% 용액은 결핵균으로 오염된 유리기구 살균이 가능하다.
- 생석회 : 냄새가 없고 백색 또는 회백색의 고형이거나 백색의 분말이고 산화칼슘을 96% 이상 포함한다. 분뇨, 토사물, 쓰레기통, 하수도, 수조 등에 사용하고 생석회와 물 4:6, 석회유는 20%의 수용액으로 사용한다.
- 승홍 : 냄새가 없고 백색의 결정성 분말이거나 무거운 무색 결정이다. 강한 살균력이긴 하나 균체 단백질 응고 작용으로 유기 물질이 많은 경우에는 내부까지 완전한 소독이 어렵다. 피부, 기구 등과 대장균, 포도상 구균 등 여러 가지 균에 쓰이고 피부 소독은 0.1% 승홍수에 승홍, 식염 물을 1:1:1000mL로 첨가하면 된다.
- 역성비누(양성계면활성제) : 무독·무자극·무해·무미 이므로 식품의 소독에 사용할 수 있고 엷은 황색을 띠고 물과 같은 투명한 액이다. 흔들면 거품이 나고 물에 잘 녹는다. 수지, 기구, 식기 소독에 사용할 수 있으며 소독시 원액 1~5mL 또는 3% 수용액을 사용하고 식기나 기구 등은 0.5~0.25%의 수용액에 30분 이상 담가둔다.
- 오존 : 냉장고 저온 저장고에서의 식품오염 방지, 상수도나 풀장 물의 살균, 공장폐수의 악취제거, 공기 환기시스템 등에 이용된다.

• 베이킹소다(천연 세제) : 탈취, 중화, 발포, 연마, 연수 알칼리성 물질로 산성분(기름때, 냄새)을 중화시켜 오염을 제거한다.

3. 피부미용실의 기구 및 비품소독 방법

종 류	방 법	기구 및 비품
자외선 소독	1cm²당 85㎼ 이상의 자외선을 20분 이상 조사한다.	컵, 스파튤라, 브러시, 해면
자비 소독	100℃에서 15분 이상 끓인다.	타올, 컵, 여드름 추출기, 면소재 종류
석탄산수 소독	석탄산수(석탄산 3%, 물 97%)에 10분 이상 담가둔다.	청소도구
크레졸 소독	크레졸수(크레졸 3%, 물 97%)를 사용한다.	실내마루, 개수대, 화장실
에탄올 소독	에탄올 수용액(에탄올 70%)에 10분 이상 담가두거나 에탄올 수용액을 묻힌 면 또는 거즈로 표면을 닦아준다.	전극, 여드름 압출기, 손소독, 유리관 등 기기의 액세서리, 정리대

4. 피부미용실 청소와 소독

구 분	종 류	실시내용	소독 방법
관리실 공간	공간의 먼지, 바닥	물걸레/마른걸레	석탄산수
	침대	마른걸레	자비소독
	정리대, 도구류	에탄올 적신거즈나 면	자비소독
	화장품 용기	에탄올 적신거즈나 면	자비소독
	휴지통	물과 세제로 세척	자연건조
	자외선 살균소독기, 온장고	외부는 에탄올, 내부는 세제로 세척	자연건조
냉 · 난방, 조명시설	외부관리	중성세제 적신 면과 거즈	자비소독
	냉 · 난방 필터	1년 1회 전문업체 의뢰	
유리창, 거울	유리	유리세정제	자비소독
	창문과 창틀	물걸레	석탄산수
	블라인드, 롤스크린	먼지털이, 마른걸레나 물걸레	석탄산수
세탁실, 화장실, 샤워실	바닥과 벽, 세면대, 변기	전용세제	석탄산수
	환풍기	물걸레와 마른걸레	석탄산수
	공간	크레졸수나 전용세제	석탄산수
냉장고, 정수기	내부선반	중성세제로 세척	자연건조
	내 · 외부	전용세제	자비소독
	정수기 필터	정기적인 교체	
소파, 의자, 테이블, 진열장	외부	마른걸레나 전용 청소용품	자비소독

5. 피부미용실 환경위생 점검사항

구 분	종 류
입구	입구 매트는 깨끗한가?
	출입문의 유리나 창은 깨끗한가?
	화분의 상태는 양호한가?
	살롱의 마크나 상징물은 잘 보이는가?
리셉션(인포)	테이블 및 진열장은 정리가 잘 되었는가?
	전화기에서 냄새는 나지 않는가?
	휴지통은 위생적으로 관리가 되어 있는가?
고객 대기장소	테이블과 의자(소파)는 청결하게 관리가 되어 있는가?
	우산꽂이나 잡지꽂이가 관리가 잘 되어 있는가?
	진열장과 제품들이 깨끗하게 정리가 되어 있는가?
	컵이나 티슈 등 물품들이 위생적으로 정돈되어 있는가?
상담실	불필요한 물건들이 비치되어 있지 않은가?
	컴퓨터와 부속기기들은 작동이 잘 되는가?
	피부상담을 위한 책자와 도구들은 잘 정돈되어 있는가?
	정수기는 위생적으로 관리가 되어 있는가?
	냉 · 난방 시설은 정기적으로 관리되고 있는가?
다용도실(탕비실)	세탁기는 정기적으로 세척을 하여 사용하는가?
	배수가 잘 되고 습기가 없는가?
	개수대는 물 빠짐이 잘 되고 냄새가 나지 않는가?
	비품정리장과 제품 보관장은 깨끗하게 정리되어 있는가?
탈의실	락커룸은 깨끗하게 관리되어 있는가?
	가운과 슬리퍼 등 고객용 비품은 깨끗한 상태로 정리되어 있는가?
	열쇠는 잘 관리가 되어 있는가?
피부미용실	바닥은 깨끗하게 청소되어 있는가?
	침대는 깨끗한 상태로 정리되어 있는가?
	타올, 해면 등 사용 비품과 집기류는 위생적으로 처리되어 준비되어 있는가?
	온장고/자외선 살균 소독기 등 사용 기구와 기기류는 위생적으로 관리되어 있는가?
	냉 · 난방시설과 조명, 공기청정기 등은 용도에 맞게 준비되고 깨끗하게 관리되어 있는가?

(계속)

구 분	종 류
화장실/샤워실	바닥과 벽면이 깨끗한가?
	일회용 시트나 소독제가 구비되어 있는가?
	수건이 위생적으로 관리되어 있는가?
	세면대는 깨끗한 상태인가?
	환풍시설이 잘 되어 있는가?
	발매트는 깨끗한 상태인가?
파우더룸	거울은 깨끗하게 관리되어 있는가?
	빗이나 티슈, 드라이기 등과 화장품류는 정돈이 잘 되어 있는가?
	휴지통은 깨끗한가?
직원휴게실	냉장고는 깨끗하게 정리되어 있는가?
	전자레인지는 깨끗한가?
	음식물 쓰레기 등 냄새가 나지 않는가?
	식기류, 컵 등은 깨끗하게 정리되어 있는가?

피부미용 비품 위생관리하기

1201010210-14v2.2

학습목표

- 위생관리 지침에 따라 피부미용 비품 위생관리 업무를 책임자와 협의하여 준비, 수행할 수 있다.
- 위생관리 지침에 따라 적절한 소독방법으로 피부미용실 내부의 비품을 소독 보관할 수 있다.
- 소독제에 대한 유효기간을 점검할 수 있다.
- 사용종류에 알맞은 피부미용 비품의 정리정돈을 수행할 수 있다.

1. 피부미용 비품 위생관리

1. 피부미용 기구 및 기기 위생관리

① 피부미용실에서 사용하는 전기를 이용한 기기류들은 수시로 닦아주고 사용하지 않을 때에는 먼지가 끼지 않도록 덮개를 덮어 보관하며, 연결된 많은 전선들이 바닥에 끌리거나 접혀서 피복이 벗겨져 감전이나 고장이 나지 않도록 물걸레로 닦아 둥글게 말아서 보관한다.

② 기계·기구류는 직접 피부와 접촉하므로 소독을 철저히 한다. 피부미용기구류의 부속품은 용도와 재질에 따라 소독방법을 다르게 하고, 보관방법 및 사후관리의 방법도 달라진다. 각종 기구 중 유리제품은 자비소독이 가능하며 자외선 소독기에 넣어 보관한다. 안쪽에 자외선 조사가 용이하도록 보관하여 소독한다. 붓 종류는 중성세제를 사용하여 세척하고 깨끗이 헹군 후 건조시킨다. 족집게 및 핀셋, 여드름 짜는 기구는 70%의 알코올에 20분간 담가 두었다가 사용한다.

③ 가구나 도구류 등은 소독이나 살균 전에 적당량의 미온수에 세척한다. 피부미용실에서 사용하는 각종 기기류는 수시로 닦고 적절한 방법으로 소독하고 연결된 전선은 물걸레로 닦아 청결하게 유지하며, 사용하지 않는 경우는 덮개를 덮어 보관한다. 또한 기기는 고장·파손이 없도록 항상 점검하여 관리 시 즉시 사용 가능하도록 준비해 둔다. 종합 피부미용기구류, 피부분석기류, 온장고, 자외선 소독기, 확대경 등의 전기제품류는 청결 상태를 유지한다. 베이퍼라이저에는 증류수는 정수된 물을 사용하며 사용 후 물을 빼서 건조시켜 보관한다. 확대경 및 적외선램프는 70%의 알코올을 적신 솜으로 렌즈와 주위를 소독한다. 우드램프는 시술 전후에 70%의 알코올을 적신 솜으로 소독한다.

(1) 백 스프레이

스프레이 병은 열에 의해 변질될 염려가 있으므로 증기소독이나 자비소독의 방법은 사용하지 않는다. 사용 후에는 물 세척을 한 후 자외선 소독기에 넣어 소독하며, 필터는 더러워지면 세척하여 잘 말린 후 사용한다.

스프레이는 분무 구멍에 미네랄이 쌓이는 것을 방지하기 위해 세척을 자주 해준다.

(2) 진공흡입기 (석션기)

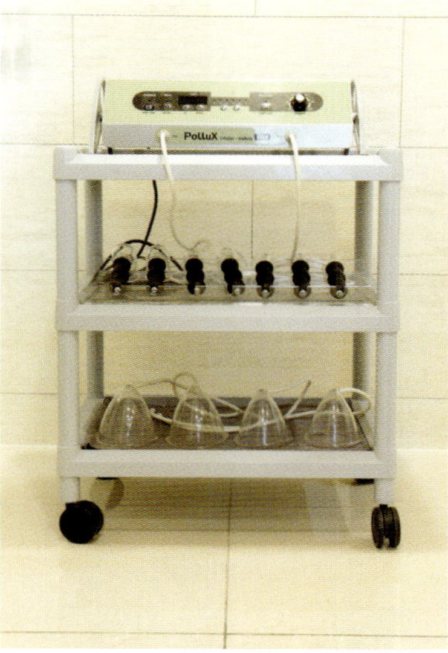

그림 2-1 흡입기

혈액, 농 등에 벤토즈를 사용한 후에는 작은 솔을 이용하여 중성세제로 안을 닦은 후 이물질이 붙어있는지 확인한 후 물로 세척하고 자비소독, 증기소독, 건열멸균기, 자외선 등으로 소독한다. 벤토즈를 끼우고 고무 부분과 금속도 알코올로 깨끗이 닦는다. 철저히 소독되지 않은 벤토즈 부분은 직접적인 세균의 감염원이 될 수 있으므로 철저히 소독한다.

(3) 베이퍼라이저

베이퍼라이저의 증류수를 담는 유리병은 이끼가 끼지 않도록 특수솔을 이용하여 구석구석 중성세제로 세척한다. 가능하면 세척 후 증류수로 한 번 더 씻어주면 더욱 효과적이다.

베이퍼라이저의 물은 하루 일과가 끝난 후 모두 빼내고 물과 식초를 10:1의 비율로 넣어 석회를 제거한다. 그리고 증기가 나오는 통로와 본체를 분리하여 닦아주고 솔 등으로 관 속을 닦아준 후 알코올 솜으로 입구를 닦아준다.

(4) 고주파기

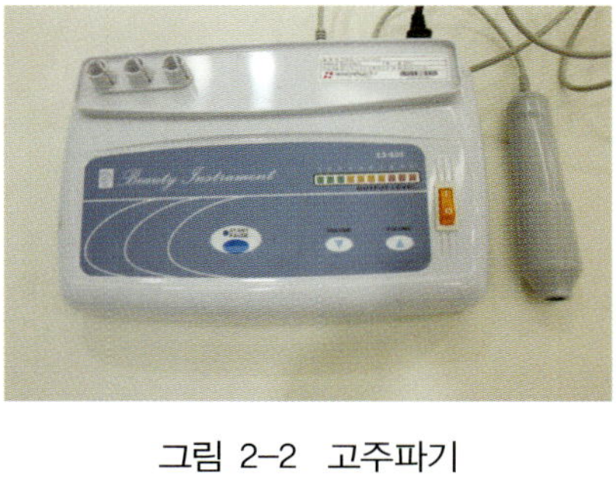

그림 2-2 고주파기

금속 부분은 알코올로 소독하고 전선은 물걸레로 닦아주며 전선이 엉키지 않게 정리한다.

(5) 브러싱 머신

기계의 몸체 속에는 모터가 있으므로 물에 담그면 안 된다. 브러시 부분은 재질 상 증기소독, 자비소독 등 열 소독과 알코올 소독은 변형을 일으킬 수 있으므로 피하는 것이 좋다. 크레졸수, 석탄산수, 역성 비누액으로 소독하거나 세제로 닦은 후 알코올에 반드시 담가두었다가 건조시킨 뒤 자외선 소독기에서 소독한다. 자외선 소독 시 브러시 전체가 자외선을 받을 수 있도록 위치를 옮겨주어야 한다. 금속 부분은 알코올로 닦아준다.

(6) 우드램프, 확대경, 적외선램프

우드램프의 유리 부분이 고객의 피부나 입김에 의해 더러워지는 경우가 많으므로 특별히 깨끗하게 닦아내고 검은 천에 먼지가 생기지 않게 세탁해 준다. 적외선램프는 전구에 먼지가 생기지 않도록 마른 천으로 닦아준다. 확대경의 렌즈도 마른 수건으로 닦아준다.

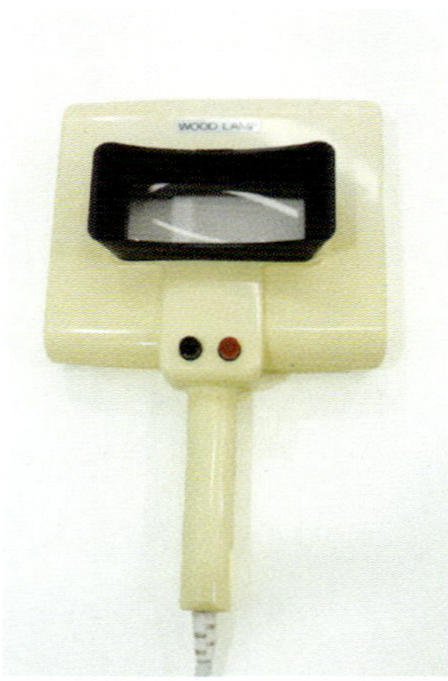

그림 2-3 우드램프

그림 2-4 확대경

(7) 비만관리기

본체와 금속판, 전선줄의 끝 집게는 금속제이므로 알코올로 닦아준다.

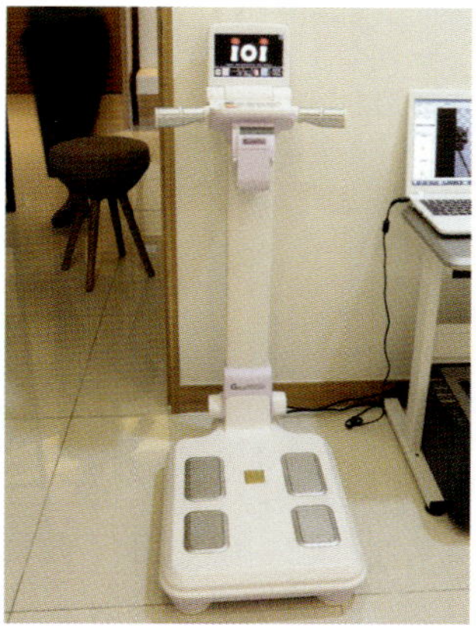

그림 2-5 비만관리기

그림 2-6 선탠기

받침유리는 먼지가 끼이지 않게 자주 닦아주고 부직포로 된 패드류는 세제를 푼 물에 세탁 후 깨끗이 빨아 건조시킨 후 자외선 소독기에서 소독한다.

(8) 선탠기

형광등이나 나무로 된 발판, 금속류인 환풍기는 외부표면으로 되어 있는데 이 중에서 특히 발판 구석에 먼지가 쌓이지 않게 하고 사용 후 고객의 땀과 오물이 남아있지 않게 깨끗이 닦아준다.

(9) 근육 안마기

각 기능에 따라 사용되는 부속 사이사이에 먼지가 생기지 않게 물로 닦아준 후 알코올로 닦는다. 전선은 물걸레로 닦아서 사용한다. 부속품 중 폴리우레탄으로 된 것은 세척이 불가능한 고객 개인용이므로 여러 고객에게 사용하지 않도록 주의한다.

(10) 공기압력 발 마사지

고객의 발에 직접 닿는 부분은 세척 후 알코올로 닦아주고 몸체의 비닐 부분도 깨끗이 세척 후 알코올로 닦아준다.

2. 피부미용 도구 및 비품 위생관리

피부관리 시술 시 사용되는 용품은 감염방지를 위해 1회용품을 사용하는 것이 이상적이며 재사용할 경우에는 반드시 소독을 해야 한다. 면봉과 클렌징 패드는 1회용을 사용한다. 스파튤라는 소독 후에 재사용이 가능하며 해면은 중성세제를 이용하여 세탁 후 채광과 통풍이 잘 되는 곳에 건조시킨다.

베드 패드는 세탁물 보관함에 별도 보관하여 세탁한다. 타월은 삶아서 세탁하고 가운은 고객마다 새 가운을 사용한다. 핀셋은 알코올 솜으로 소독한다. 바늘은 멸균된 1회용을 사용 후 안전보관함에 버린다.

(1) 팩붓

팩붓은 붓 사이의 이물질을 잘 털어 낸 후 미온수에 세제를 풀어 씻고 깨끗이 세척한 후 자외선 소독기에서 위치를 돌려가며 소독한다.

그림 2-7 팩붓

(2) 해면

해면은 그물망을 이용하여 세제를 푼 미온수에 담가 세탁하고 헹군 다음 통풍과 채광이 잘 되는 곳에 말린 후 자외선 소독기에 넣어 해면끼리 겹치지 않게 위치를 바꿔가며 소독한다.

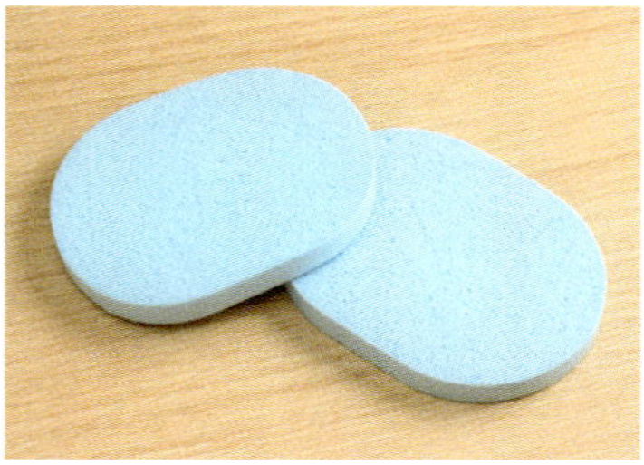

그림 2-8 해면

(3) 화장솜

그림 2-9 화장솜

화장솜은 1회용으로 잘라 보관하고 보관 시 곰팡이류가 번식하지 않도록 뚜껑이 있는 용기에 담아 습기가 차지 않도록 주의하여 보관한다.

(4) 스파튤라

그림 2-10 스파튤라

금속류나 플라스틱류는 사용 후 소독하여 재사용하도록 하고 나무재질은 사용 후에 폐기한다. 뚜껑이 있는 깨끗한 용기에 넣어 먼지가 묻지 않도록 보관한다.

(5) 란셋, 바늘류

란셋이나 바늘은 1회용 사용이 원칙이나 재사용 시에는 알코올에 담가 소독한 후 깨끗하고 뚜껑이 있는 용기에 담아 보관한다. 폐기 시 안전 보관함을 두어 상처나 전염병이 유발되지 않도록 한다.

(6) 면봉

그림 2-11 면봉

소독된 면봉을 사용하고 사용 후에 폐기한다. 보관할 시 뚜껑이 있는 용기에 두어 먼지가 묻지 않도록 한다.

(7) 베드 패드

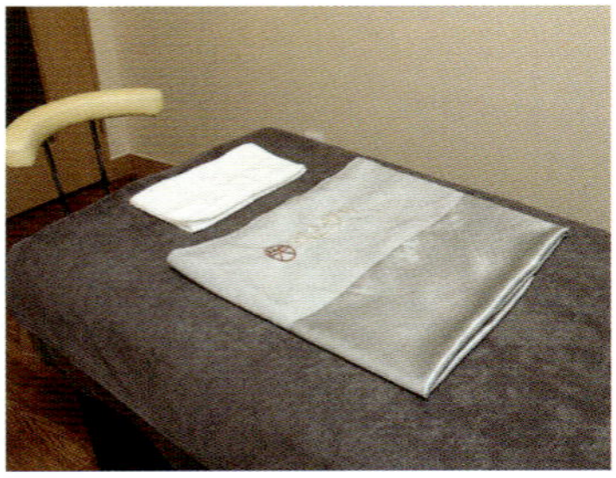
그림 2-12 베드 패드

비닐류는 표면을 물걸레로 닦거나 세제를 풀어 닦고 말린 후 알코올 솜으로 소독한다. 부직포는 세제를 풀어 세탁한 후 완전히 말리고 자외선 소독기로 소독한다.

(8) 터번

그림 2-13 터번

1회용 비닐모자가 좋으나 경제성을 고려하여 재사용이 가능한 면류 타월을 이용한다. 면류 타월은 자비소독, 염소소독, 일광소독으로 살균·표백하여 청결을 유지한다.

(9) 각종 볼

볼은 내용물을 깨끗이 덜어낸 후에 세제를 풀어 세척한 후 재질에 따라 소독 방법을 달리한다.

그림 2-14 고무볼, 유리볼

(10) 족집게, 핀셋, 여드름 압출기

금속제품인 경우가 많아서 염소계 소독제로 소독 시 부식될 우려가 있으므로 주의하고 이물질이 묻은 경우 세제로 씻어 이물질을 제거한 다음 알코올 솜으로 닦아 소독하거나 자비소독, 고압증기 멸균기에 소독한다.

그림 2-15 여드름 압출기

(11) 빗

여러 종류의 재질이 있어 재질별로 소독방법을 달리해야 한다. 우선 빗속에 엉켜있는 머리카락과 이물질을 제거한 후 미온수에 0.5% 역성 비누액 또는 세제액에 담근 후 세척하거나 알코올 솜으로 닦고 자외선으로 소독한다. 플라스틱 제품은 크레졸수, 석탄산수에 용해되거나 소독제 냄새가 남을 수 있으므로 주의하고 열을 가하는 방법도 부적절하다.

그림 2-16 꼬리빗, 롤빗, 일반빗

(12) 화장품

화장품은 반드시 스파튤라(spatula)를 사용하여 덜어서 사용한다. 손으로 덜어 쓰면 남아있는 제품이 오염될 가능성이 잇고 그로 인해 성분의 변성이 초래되어 피부에 알레르기 반응이 일어날 수도 있다.

화장품을 사용한 후 뚜껑을 제대로 닫지 않으면 이물질이 들어가거나 변질되므로 뚜껑을 확실히 덮어 두어야 한다. 또한 화장품을 직사광선이 비치는 곳이나 고온, 저온 등의 환경에 방치할 경우 부패될 수 있으므로 보관에 주의를 기울여야 한다.

① 용기 바닥에 남은 소량의 크림은 입구가 막힌 깨끗한 용기에 옮겨 위생적으로 사용할 수 있도록 한다.

② 제품의 꼭지나 입구를 깨끗하게 닦아 청결함을 유지할 수 있도록 한다.

③ 유통기한이 지난 제품은 즉시 폐기하도록 한다.

2. 전기를 이용하는 기기 위생관리

1. 온장고

타월 등을 따뜻하게 하는 기기로 클렌징, 딥클렌징, 마사지 후 크림이나 오일을 닦을 때 사용한다.

온장고 온도를 조절하여 적절한 온도를 유지할 수 있도록 한다. 온장고 사용 후 물기를 제거하지 않고 닫아두면 온장고의 열기와 습기가 악취와 오염의 원인이 되므로 사용하지 않을 경우에는 깨끗이 닦고 문을 열어 놓아 건조시킨다. 또한 온장고 물받이를 수시로 닦아 청결함을 유지할 수 있도록 한다.

그림 2-17 온장고

(1) 관리방법 및 효과

① 온장고에 젖은 타월을 넣고 적절한 온도에서 30분 정도 지나면 온습포가 된다.

② 클렌징, 딥 클렌징, 마사지 후 유분기와 노폐물을 깨끗하게 닦아 낼 수 있다.

③ 긴장된 근육을 이완시켜준다.

(2) 주의사항

① 고객 관리 전에 미리 준비한다.

② 6시간 이상 사용하면 타월에서 냄새가 나거나 마를 수 있다.

③ 수증기나 온장고 문에 붙은 물이 바닥에 떨어질 수 있으니 문은 살짝 열고 스팀이 관리사 눈에 들어가지 않도록 주의 한다.

④ 퇴근 시 온장고에 타월을 다 꺼내고 스위치를 끄고 전원코드를 빼고 문을 열어 놓고 건조시킨다.

(3) 청소와 소독하기

① 베이킹 소다, 물, 식초를 1:1:1의 비율로 섞는다.

② 부드러운 수세미에 적셔 깨끗하게 닦는다.

③ 젖은 수건으로 전체적으로 닦아준다.

④ 분무기에 있는 알코올을 뿌려서 다시 닦아준다.

2. 냉장고

타월을 차갑게 만들기 위해서 사용한다.

그림 2-18 냉장고

(1) 효과 및 관리 방법

① 계절에 따라서 온도 조절을 해서 사용한다.

② 젖은 타월을 냉장고에 넣고 30분 정도 지나면 냉습포가 된다.

③ 팩을 한 후 유분기와 팩의 잔여물을 깨끗하게 닦아낼 수 있다.

④ 모공축소 효과가 있다.

(2) 주의사항

① 고객 관리 전 미리 준비한다.

② 6시간 이상 사용하면 타월에서 냄새가 나거나 마를 수 있다.

③ 주말에 스위치를 끄고 전원코드를 빼고 마른 수건을 깔아 성에를 제거한다.

(3) 청소와 소독하기

① 베이킹 소다, 물, 식초를 1:1:1의 비율로 섞는다.
② 부드러운 수세미에 적셔 깨끗하게 닦는다.
③ 젖은 수건으로 전체적으로 닦아준다.
④ 분무기에 있는 알코올을 뿌려서 다시 닦아준다.

3. 세탁기

(1) 사용 방법

세탁물에 따라서 세탁기 사용 방법이 다르며 세탁류를 분류해서 돌려야 한다.

① **수건 세탁** : 삶음 코스에 두고 세제와 효소를 넣은 후 세탁한다.
② **가운 세탁** : 표준 코스로 세제와 효소를 넣은 후 세탁을 한다.
③ **이불 세탁** : 이불 코스로 세제와 효소를 넣은 후 세탁을 한다.
④ 사용을 하지 않을 때에는 꼭 전원을 끈다.

(2) 청소 방법

일주일에 2회 식초(또는 세탁기 세척세제)를 넣고 세탁기를 돌려주고 세탁기 내부를 한번 닦아준다.

4. 건조기

(1) 사용 방법

① 젖은 세탁물을 턴 후에 건조기에 넣고 돌린다.
② 건조기 먼지망을 수시로 체크하여 먼지를 제거해준다.
③ 사용을 하지 않을 때에는 전원을 끈다.

(2) 청소 방법

① 수시로 먼지망을 확인해서 먼지를 빼준다.
② 젖은 걸레로 먼지를 닦아준다.

5. 전기장판

고객이 관리를 받을 때 베드의 온도를 높이기 위해 사용한다. 고객의 안정감을 높이기 위해 사용하는 기구이지만 관리가 소홀하면 화재 위험이 높기 때문에 세심한 관리가 필요하다.

(1) 사용 방법

① 여름에는 전기장판 온도를 1로 해둔다.
② 겨울에는 온도를 3으로 해둔다.
③ 퇴근을 할 때에는 전원코드를 뺀다.

(2) 주의사항

① 사용 전 전원코드를 꽂아보고 일부 면에 열이 별로 발생하지 않거나 한 부분만 과도하게 열이 오르는 경우 교체를 해야 한다.
② 온도 조절기와 전기장판이 잘 맞물리지 않을 경우 교체를 해야 한다.
③ 전기장판이 망가지지 않았는지 수시로 주의해서 체크한다.
④ 전기코드 주변에 먼지가 없도록 늘 청결하게 관리한다.

6. 자외선 소독기

피부미용실 기기와 액세사리, 비품 등을 살균 소독할 때 사용하는 기기로 단파장의 자외선인 UVC의 살균작용을 이용한다.

(1) 효과

세균, 바이러스, 곰팡이 등 대부분의 세균에 효과적이다.

그림 2-19 자외선 소독기

(2) 주의사항

① 소독기에 전원이 켜진 상태에 장시간 물품을 보관 하면 안 된다.

② 물기 건조 후 자외선 살균을 한 후 꺼내서 따로 보관하고 살균기는 수시로 환기시킨다.

③ 소독 물품을 램프의 빛이 골고루 닿을 수 있도록 펼쳐 놓는다.

④ 소독 물품의 물기를 완전히 닦은 후 소독기에 넣어야 세균 번식을 막을 수 있다.

⑤ 살균기의 램프가 꺼진 상태에서 문을 열고 닫아야 눈이 보호가 된다.

⑥ 소독기 위에 아무것도 올려놓지 않으며 온장고 위에 소독기를 올려놓지 않도록 한다.

⑦ 자외선 소독기는 소독을 하는 기구이나 그 자체가 오염원이 될 수 있으므로 중성세제 등을 이용하여 깨끗이 자주 닦아 청결을 유지한다.

(3) 사용방법

① 소독기에 넣기 전에 깨끗이 씻고 UVC 광선이 골고루 닿게 펼쳐 놓는다.

② 기구들을 20~30분 정도 자외선 멸균기에 넣어 둔다.

7. 정수기

물을 먹을 수 있도록 깨끗하게 정화하는 기구로 물리적·화학적 방법으로 물을 걸러 불순물을 제거하는데, 필터를 너무 오래 쓰면 걸러낸 오염물질이 축적되어 오히려 물이 더 더러워질 수도 있으므로 자주 필터를 청소해야 한다.

그림 2-20 정수기

(1) 사용 방법

① 정수기를 청결하게 유지하기 위해 정수기 필터 교환주기를 준수하고 물탱크와 코크 세척, 정수기 주위 청결을 유지한다.

② 물받이와 추출구 세척 등 청소는 주 1~2회 실시한다.

③ 오랫동안 사용하지 않은 경우 물탱크 속물을 전부 제거하고 청소를 한 후에 잘 헹궈 사용하는 것이 좋다.

④ 물받이 부분에 고인 물을 자주 제거해주고 주기적으로 청소한다.

(2) 청소 방법

① 정수기 외관 청소는 찌든 기름 때엔 감자즙, 레몬껍질, 베이킹소다 용해액 등으로 세척한다.

② 코크청소, 물받침 청소는 흐르는 물 세척, 솔 세척, 뜨거운 물에 가볍게 중탕 등의 방법을 이용한다.

③ 물받이 커버와 물받이를 흐르는 물에 닦아 헹군 뒤 마른 행주로 닦아서 사용한다.

④ 정수기필터 청소는 전문가의 도움을 받아 필터를 교환해 준다.

(3) 주의사항

① 물받이 청소를 할 때 정수기의 물받이에 오래 물이 고여 있으면 물때가 생길 수 있으므로 평소 정수기 사용 시 물받이에 커피나 음료를 버리지 말고 주기적으로 주 1~2회 이상 닦아 준다.

② 추출구는 정수 사용 시 음료나 음식물이 튈 수 있으니 자주 닦아 준다. 특히 얼음 정수기 사용시 음료를 먼저 따르고 얼음을 담으면 음료가 정수기 추출구에 튈 수 있으니, 얼음을 먼저 따르고 나서 음료를 따르는 순서로 사용한다.

8. 고압증기멸균기 (Autoclave)

고압증기멸균은 밀폐된 용기 내에서 가압증기에 의한 멸균 방법으로 121℃에서 15psi (프사이)의 가압증기로 15~20분 동안 처리한다. 고압증기는 습기와 높은 열을 가하여 모든 미생물을 파괴하는 특성이 있으므로 높은 압력하에서 포화된 증기를 이용하는 고압증기멸균법은 가장 안전한 소독방법 중 하나이다.

(1) 사용 방법

① 뚜껑을 열어서 멸균할 기구를 넣는다.

② 고압증기멸균기 내부의 증류수가 충분한지 확인한 후 사용한다.

③ 온도가 올라갈 때 내부의 수증기가 빠져나오지 않도록 잘 닫아준다.

④ 온도·압력·시간을 설정한다.

⑤ [동작/정지] 버튼을 누른다. 급수 → 가열 → 멸균 → 배기 → 건조 → 완료의 과정이 자동으로 진행된다.

⑥ 건조 상태에서 경고음이 울리면 문을 열어 준다.

⑦ 완료 후 소독 기구를 꺼낸다.

(2) 사용 시 주의사항

① 휘발성 물질은 고압증기멸균기를 사용하여 멸균하지 않는다. (폭발 가능성 존재)

② 고압증기멸균 과정을 마친 후, 압력이 떨어지기 전까지 뚜껑을 열지 않는다.

③ 고압증기멸균기를 사용하여 멸균할 액체는 액체의 부피보다 큰 용기를 사용하여 멸균한다. (4~5배 큰 부피의 용기 사용)

④ 만약 고압증기멸균기 사용 중 액체가 넘쳐 흘렀다면 내부를 꼭 세척한다. (열선 및 온도 센서 고장 발생)

⑤ 고압증기멸균기의 수증기 발생을 위한 물은 높은 차수의 증류수를 사용하도록 한다.

(3) 청소 방법

물을 다 빼고 부드러운 스펀지와 세제로 닦고 수돗물을 끄고 헹군 후 물을 빼고 증류수로 헹군 후 다시 물을 빼고 증류수를 채워놓는다.

① 전원을 끄고, 차단기 내리기 또는 코드를 뽑는다.

② 뚜껑을 연 다음 배수밸브를 열어 물을 뺀다.

③ 뚜껑 밑쪽 및 패킹부위의 이물질을 세척한다.

④ 고압증기멸균기 안쪽을 세제로 세척한다.

⑤ 밑쪽의 히터 위에 커버를 빼내서 닦는다.

⑥ 히터에 스케일이 많으면 제거한다. 스케일이 쌓이면 히터가 터지거나 고장이 난다.

⑦ 증류수로 전체적으로 헹구어준다.

⑧ 증기 빠지는 통을 세척한다.

9. 전기 미용기기 사용 시 유의사항

① 기기를 사용하기 전에 미리 전원코드와 전극의 배치 등을 검사한다(volt, watt 등).

② 고객에게 관리과정을 미리 설명하고, 주의사항을 숙지시킨다.

③ 비적용증이 있는지 반드시 확인한다.

④ 자극이 있거나 불쾌감이 있을 때에는 반드시 미리 알려준다.

⑤ 금속이나 액세서리 등을 제거했는지 확인한다.

⑥ 덜 아문 상처가 있는지 확인한다.

⑦ 전류의 강도는 서서히 증가시키고, 서서히 감소시켜야 한다.

⑧ 전극을 피부에 접촉한 후에 전기를 켜고, 갑자기 전극을 바꾸지 않도록 한다.

⑨ 사용 후 전극을 제거하고 전원코드를 빼고 전극의 소독과 정리를 철저히 한다.

⑩ 절연체가 파손되거나 노화되지 않았는지 확인한다.

⑪ 전기 미용기기에 물기가 닿지 않도록 한다.

⑫ 물이 묻은 손으로 전원코드와 전기기기를 만지지 않는다.

⑬ 기기에 먼지가 끼지 않도록 커버를 씌우도록 한다.

⑭ 멀티블록(multi−block)의 사용으로 회로에 과중한 짐을 지우지 않도록 한다.

⑮ 고장 또는 손상된 기기는 작업장에 방치하지 말고 반드시 사용금지 표시를 붙여놓는다.

학습 요약

1. 피부미용 비품 위생관리

① 피부미용 비품의 용도와 재질에 따라 적절한 소독방법 및 보관방법을 선택하여 관리를 하도록 한다.

② 피부관리 시술 시 사용되는 용품은 감염 방지를 위해 1회용품을 사용하는 것이 이상적이며 재사용할 경우에는 소독을 해야 한다.

③ 피부미용에 사용되는 기계·기구류는 직접 피부와 접촉하므로 소독 및 위생관리를 철저히 한다.

④ 피부미용 기기류는 수시로 닦아주고 적절한 방법으로 소독하고, 사용하지 않는 경우는 덮개를 덮어 보관한다.

⑤ 미용가구나 도구류는 적당량의 미온수에 세척한 후 소독·관리한다.

⑥ 피부미용 비품들은 고장·파손이 없도록 항상 점검하여 보관할 수 있도록 준비하고, 피부관리 시 즉시 사용이 가능하도록 위생관리 한다.

2. 전기를 이용하는 기기 위생관리

① 전기를 이용한 기기류는 전기코드주변에 먼지가 끼지 않도록 청결함을 유지하고, 덮개를 덮어 보관한다.

② 연결된 많은 전선들이 바닥에 끌리거나 접혀서 피복이 벗겨져 감전이나 고장이 나지 않도록 둥글게 말아서 보관한다.

③ 전기기기에 물기가 직접 닿지 않도록 하고, 물이 묻은 손으로 플러그와 전기기기를 만지지 않는다.

④ 기기 사용 후 전극을 제거한 후 전원코드를 빼고 전극의 소독과 정리를 하도록 한다.

⑤ 고장 또는 손상된 기기는 작업장에 방치하지 말고, 반드시 사용금지 표시를 붙여놓는다.

학습 3

직원위생 관리하기

1201010210-14v2.3

학습목표

- 피부를 관리하는 사람으로서 깨끗한 위생복과 신발을 택하고 관리할 수 있다.
- 불필요한 장신구는 피하고 가벼운 화장을 하며 항상 예의 있게 행동할 수 있다.
- 손톱은 짧게 하고 단정하게 머리를 정돈할 수 있다.
- 몸 냄새나 구취에 유의할 수 있다.
- 관리 시 고객과 20~30 cm 거리를 유지할 수 있다.

1. 직원위생 점검하기

피부미용사는 직업에 대한 확실한 신념을 가지고 고객관리 서비스정신과 피부미용에 대한 전문지식을 바탕으로 고객의 피부상태를 파악하고 적합한 제품을 사용하여 올바른 관리방법과 유용한 정보를 제공하는 피부미용사로서의 역할을 잘 할 수 있도록 직원위생에 신경 써야 한다.

위생(hygiene)은 그리스 신화에 등장하는 건강의 여신인 히기에이아(Hygieia)에서 유래하였으며, 인체를 구성하는 피부를 다루는 업무인 피부미용사의 위생은 필수요소라 할 수 있다.

피부미용사는 에스테티션(esthetician), 코스메티션(cosmetician), 뷰티테라피스트(beauty therapist), 스킨케어리스트(skin carelist), 바디테라피스트(Body Therapist), 뷰티닥터(beauty doctor) 등의 용어로 사용하고 있다. 피부미용사의 개인위생은 체취나 구취가 나지 않도록 자주 목욕하고 구강을 청결히 해야 하며 정기적인 건강검진도 필수이다.

수행 Tip

피부미용사의 위생 상태 체크리스트 (Checklist)

① 겨드랑이 및 발에서 악취가 나지 않도록 몸을 청결히 한다.
② 깨끗한 위생복을 단정하게 착용한다.
③ 편안한 실내화를 청결하게 착용한다.
④ 손톱은 짧고 청결히 해야 한다.
⑤ 네일 에나멜을 칠하지 않는다.
⑥ 반지, 팔찌, 목걸이 등 액세서리는 착용하지 않는다.
⑦ 머리가 흘러내리지 않도록 단정하게 정리한다.
⑧ 치아관리를 주기적으로 하여 구강을 깨끗이 한다.
⑨ 향수를 진하지 않게 사용한다.
⑩ 입 냄새, 콧바람 등 불쾌감 방지를 위하여 마스크를 착용한다.

1. 위생복(유니폼) 착용하기

옷은 단순히 몸에 걸치는 천 조각 그 이상의 의미를 갖고 있다. 옷차림은 사람의 몸과 마음을 지배하므로 유니폼을 입으면 행동도 더욱 조심스러워져야 하며 고객에게 호감을 줄 수 있는 응대가 되도록 고객과의 눈맞춤과 미소에도 신경을 써야한다. 유니폼은 청결이 중요하며 활동하기 쉬운 복장으로 살롱의 이미지와 조화된 심플한 디자인의 유니폼을 착용하고 회사마크나 명찰을 부착하여 직위와 이름을 표시하여 전문가임을 알리며 자긍심과 신뢰도를 높인다.

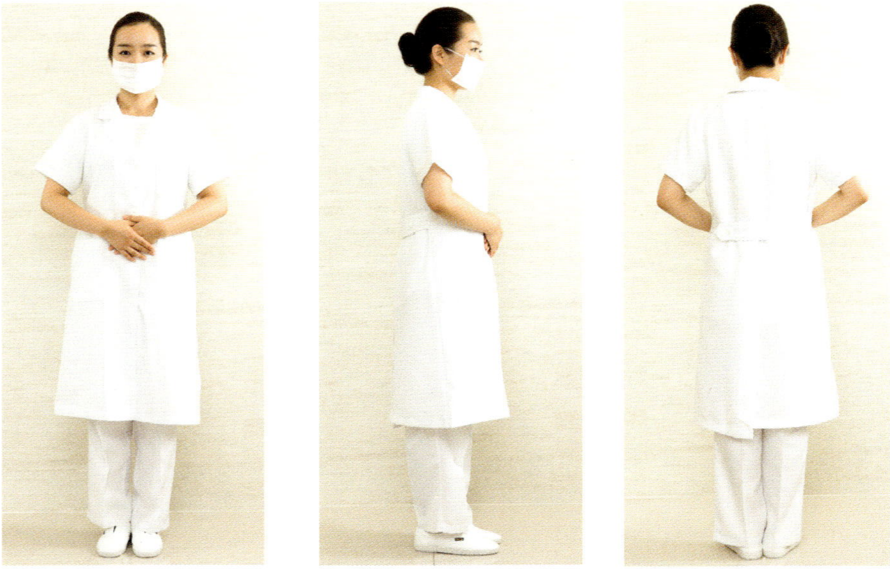

그림 3-1 피부미용사 관리 시 복장

수행 Tip

유니폼의 의미

① 신뢰감 표현
② 단정함 표현
③ 당당함 표현
④ 소속감 표현
⑤ 전문성 표현
⑥ 동료의식 증진 표현
⑦ 일에 대한 자부심과 긍지 표현
⑧ 고객에 대한 존중 표현
⑨ 규율에 대한 수행의지 표현
⑩ 통일된 서비스 제공 의미
⑪ 작업의 효율성 지향

2. 마스크 착용하기

관리 시 처음에는 마스크를 착용하는 것이 답답할 수 있으나 누워있는 고객과 대화할 때 침을 튀긴다거나, 입 냄새가 난다거나 콧바람 등으로 고객을 불쾌하게 할 수 있으므로 마스크를 착용하여 고객을 편안하게 한다.

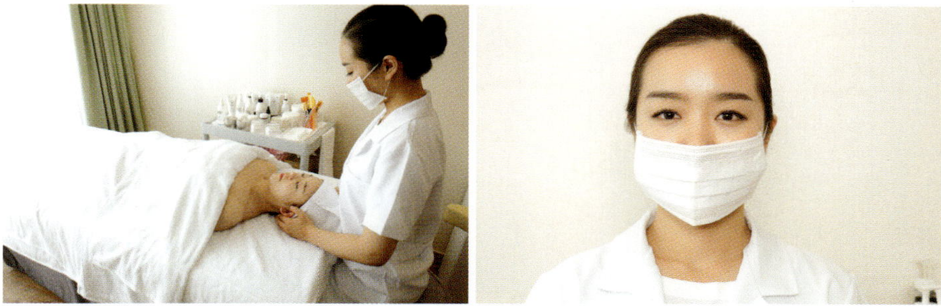

그림 3-2 피부관리 시 마스크 착용

3. 실내화 착용하기

(1) 신발 선택방법

① 발가락이 구부러지는 부위와 신발의 구부러지는 부위가 같아야 한다.
② 뒷 굽은 5cm 미만이 좋다.
③ 구두 뒷굽은 충격을 흡수할 수 있도록 부드러운 재질로 되어 있는 것이 좋다.
④ 발을 앞으로 바짝 밀착시킨 후 뒤꿈치 부위에 손가락 하나가 들어가는 크기가 좋다.
⑤ 신발의 발바닥 중앙은 발 아치를 잘 받쳐주는 신발이 좋다.
⑥ 신발을 구입할 때는 발이 약간 부어 있는 오후가 좋다.
⑦ 양쪽을 다 신고 걸어보아 발이 편한 것을 고른다.

⑧ 신발을 신어보았을 때 압박이나 조이는 현상이 없어야 한다.

⑨ 신발 안이 따뜻하고 습기가 차게 되면 무좀균이 번식하므로 발에 열이 나거나 땀이 많이 나는 사람은 통풍이 잘되는 신발을 고른다.

⑩ 신발의 바닥은 딱딱하거나 일자 형태로 바닥에 닿아서는 안 된다. 걸을 때 충격흡수를 하지 못해 오래 걸으면 피곤하고 발의 변형이 올 수 있다.

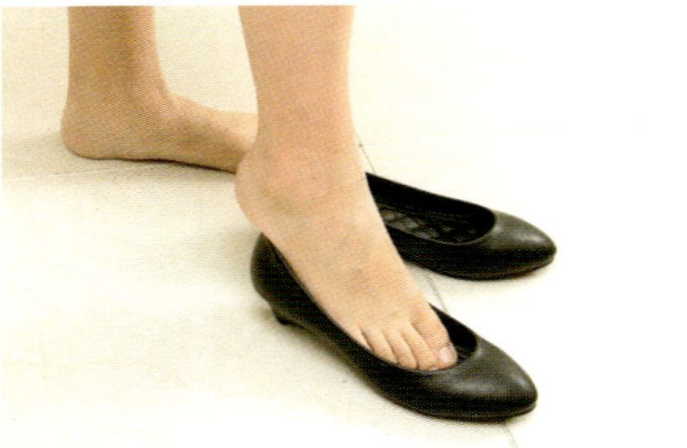

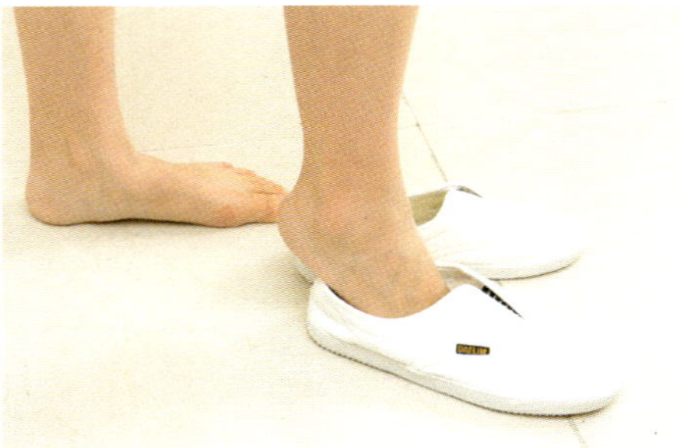

그림 3-3 편안한 신발선택

(2) 실내화 착용방법

유니폼 색과 맞추어 무늬가 없는 통일된 색을 신고, 발목에 무리가 생기지 않는 한도 내에서 본인 신장에 맞춰 굽높이를 정한다. 실내화가 오래되면 소리가 나거나, 뜯어지거나, 불쾌한 냄새가 날 수 있으니 그 전에 교체해서 청결함을 유지한다. 발뒤꿈치부터 바닥에 닿게 걷는 당당하게 걷는 올바른 걸음걸이를 훈련하여 자세뿐만 아니라 관절염도 예방한다. 양말은 무늬가 없는 흰색이나 검정색 양말을 착용하여 단정함을 유지할 수 있어야 한다. 스타킹은 무늬가 없는 살색이나 검정색을 착용한다.

그림 3-4 편안한 신발선택

2. 직원용모

1. 두발 손질하기

고객에게 관리를 하는 동안에는 고객에게 청결한 인상을 주고 관리사 스스로 위생적인 업무 수행을 위하여 머리카락이 떨어지거나 얼굴 등을 가리는 것을 방지할 수 있도록 청결하고 단정하게 머리를 정돈하여야 한다. 긴 머리는 머리망 등을 이용한 업스타일의 머리 모양이 적절하며 짧은 머리도 헤어젤 등을 이용하여 옆머리를 붙여서 단정하게 정리해야 깔끔함을 유지할 수 있다.

(1) 긴 머리 정돈법

① 머리를 모두 뒤로 넘겨 스프레이나 젤로 잔머리를 정리하며 하나로 묶는다.
② 하나로 묶은 머리를 머리망으로 전체를 감싼다.
③ 머리망이 빠지지 않도록 묶은 부분과 머리망을 U자 핀을 꼽아 고정한다.
④ 머리를 편한 방향으로 둥글게 돌려 말아준다.
⑤ 둥글게 말은 머리를 고정하기 위해 U자 핀을 꼽는다. 이때, U자 핀은 말은 머리에 네 방향 이상에서 지그재그로 꽂아서 머리가 움직이지 않도록 단단히 고정시킨다.
⑥ 정돈되지 않은 잔머리가 있는지 거울을 보고 꼼꼼히 확인한다.

(2) 짧은 머리 정돈법

묶이지 않는 짧은 머리는 헤어스프레이나 젤, 핀 등을 이용하여 옆머리를 고정한다. 두꺼운 핀보다 얇은 핀이 더 단정해 보인다. 헤어스타일은 수시로 체크해서 잔머리가 나온 부분이나 헝클어진 부분을 정리해준다.

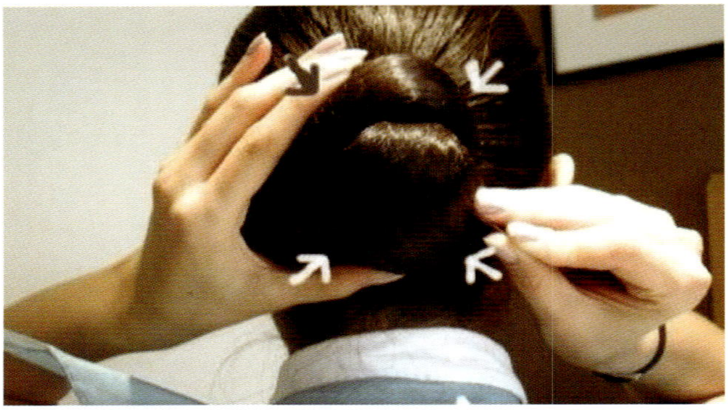

그림 3-5 업스타일 머리 정돈 사례

2. 얼굴 메이크업하기

(1) 피부화장하기

자연스럽고 연한 메이크업을 하며, 리퀴드 타입이나 크림 타입 모두 사용 가능하나 최대한 얇게 펴발라 주는 것이 중요하다. 컨실러를 이용해 다크 서클을 얇게 커버하고 나머지 부분은 두꺼운 느낌이 들지 않도록 피부 표현을 한다.

① 메이크업 베이스

기초 메이크업의 완성도를 높이기 위해 먼저 메이크업 베이스로 피부의 기초를 만든다. 메이크업 베이스를 이마, 양볼, 코, 턱끝에 바르고 중지와 약지의 손가락 끝에서 제2관절을 크게 사용해 눈가까지 남김없이 펴 발라 준다. 메이크업 베이스의 역할은 다음과 같다.

- 파운데이션 및 색조 화장품으로부터 피부를 보호한다.
- 피부색을 보완해주고 피부톤을 정리한다.
- 파운데이션의 밀착력을 좋게 하고 지속력을 높여준다.
- 자외선으로부터 피부를 보호한다.
- 피부의 번들거림을 방지한다.

② 컨실러 (Concealer)

여드름 자국, 다크서클, 기미나 주근깨 등 피부의 결점을 커버하고자 할 때 사용하며 피부 톤보다 1~2톤 정도 밝은 컬러를 사용하는 것이 좋다.

③ 파운데이션 (Foundation)

피부 결점을 커버하며, 피부색을 일정하게 조절하고 얼굴의 입체감 표현과 윤곽을 수정한다. 또한 바람이나 먼지, 자외선, 공해 등 외부자극으로부터 피부를 보호한다.

④ 페이스 파우더 (Face Powder)

파운데이션을 피부에 밀착시키고 유분기를 제거하여 메이크업의 지속성을 높이며 건강한 혈색과 피부 톤을 조절한다. 또한 유해한 외부환경과 자외선으로부터 피부를 보호한다.

(2) 눈화장하기

① 아이브로우 (Eyebrow)

본래의 눈썹을 최대한 살려서 자연스럽게 그린다. 눈썹 색상과 비슷한 펜슬이나 아이섀도로 빈곳을 채워주는 느낌으로 연출한 뒤 투명 마스카라로 눈썹 결을 정리한다. 아이브로우 화장의 역할은 다음과 같다.

- 얼굴의 인상을 결정한다.
- 이미지 변화와 개성을 표출할 수 있다.
- 얼굴형이나 눈매를 보완한다.

② 아이섀도 (Eyeshadow)

아이섀도는 눈매를 수정하는 역할을 하며, 눈에 음영을 주어 입체감을 표현한다. 또한 섀도의 색에 따라 다양한 느낌을 표현한다.

③ 아이라이너 (Eyeliner)

눈의 형태를 수정하고 또렷하고 선명하게 하는 기본형 아이라인은 눈을 감은 상태에서 펜슬로 눈썹 사이사이를 메워 준 다음 눈 앞머리에서부터 눈 꼬리 방향으로 그려주고 3/4지점부터 1~2mm 높여 자연스럽게 그려준다.

자세한 방법은 다음과 같다.

- 크고 둥근 눈은 눈 앞머리와 꼬리 부분을 중심으로 펜슬 가늘고 자연스럽게 그려준다.
- 가는 눈은 눈이 커 보이도록 눈의 중심부를 굵게 그려준다.
- 부어 보이는 눈은 앞머리에서 꼬리로 갈수록 굵어지게 표현한다.
- 작은 눈은 윗 라인과 아래 라인이 만나지 않도록 수평으로 그려준다.
- 눈꼬리가 내려간 눈은 눈꼬리로 갈수록 두껍게 살짝 올려서 그려준다.
- 눈꼬리가 올라간 눈의 아래 라인은 펜슬로 눈꼬리의 1/3 지점에서 굵게 그려준다.
- 쌍커풀이 없는 눈은 전체적으로 굵게 그리고 윗 라인 중앙 부분을 더 두껍게 그린다.
- 쌍커풀이 있는 눈은 속눈썹에 가깝도록 전체적으로 자연스럽게 그려준다.

그림 3-6 눈화장하기

④ 마스카라 (Mascara)

마스카라는 속눈썹을 길고 풍성하게 표현하며 처진 속눈썹을 올려 눈을 크게 보이게 하며 깊이 있는 눈매를 연출한다.

(3) 볼화장하기

그림 3-7 볼화장하기

피부에 혈색을 주어 생기를 부여하며, 얼굴형을 수정하여 입체감과 개성 연출을 해준다. 아이섀도, 립 컬러를 고려하고, 시간, 장소, 목적을 고려한다. 자세한 방법은 다음과 같다.

① 타원형은 광대뼈 위에 혈색을 보완한다.
② 다이아몬드형은 광대뼈가 두드러지지 않게 옅고 넓게 부드러운 느낌으로 바른다.
③ 둥근형은 오렌지나 브라운 계열로 광대뼈 약간 위쪽에서 입꼬리를 향해 바른다.
④ 긴형은 가로 느낌으로 이마와 턱에 핑크나 로즈의 따뜻한 컬러를 바른다.
⑤ 역삼각형은 핑크계열 컬러를 코끝을 향해 부드럽게 바른다.
⑥ 사각형은 턱선에 쉐딩하고 광대뼈에서 관자놀이 아래까지 짙은 컬러를 바른다.

(4) 입술화장하기

그림 3-8 입술화장하기

외부 자극으로부터 입술을 보호하고, 컬러를 부여하여 화사한 이미지와 입체감을 주며, 입술 형태를 수정하고 보완한다.

자세한 방법은 다음과 같다.

① 파운데이션과 파우더로 입술라인을 지우고 그리고자 하는 형태로 립라인을 그린다.

② 입술산의 윤곽을 먼저 그려주고 양쪽 구각에서 입술산 방향으로 립라인을 그린다.

③ 립브러시으로 립라인을 그라데이션하고 립스틱을 발라준다.

④ 티슈로 립의 유분기를 살짝 제거한 다음 파우더로 덧바른 후 다시 립스틱을 바른다.

⑤ 립글로스로 하이라이트를 준다.

(5) 피부미용사에 맞는 메이크업 연출법

① 본인의 피부 톤과 피부 타입에 맞는 메이크업 베이스를 바른 후, 파운데이션이나 비비크림을 사용하여 피부 톤을 화사하게 표현한다. 메이크업 베이스는 붉은 기운이 있는 피부는 녹색 베이스, 노란 피부는 보라색 베이스, 검은 피부는 흰색 베이스를 사용한다.

② 눈썹의 모양은 너무 내려가면 답답해 보일 수 있고, 너무 올라가면 사나워 보일 수 있으므로 자연스러운 눈썹 모양으로 다듬고 그려야 한다.

③ 입술은 붉은 계열로 통일된 립스틱을 바르는 것이 좋고, 피부가 건조하다면 립스틱과 립글로즈를 사용하여 촉촉하게 한다. 관리가 끝나면 수시로 체크해서 입술 색을 유지할 수 있도록 한다.

④ 고객의 시선에서 과한 메이크업은 자제한다. 화장이 너무 진하면 강한 인상으로 기억되어 고객이 거리감을 두게 된다. 관리 후 메이크업을 수정해야 하는데 강한 눈 화장을 하면 오후에는 눈 밑에 화장이 묻어 눈 밑이 더욱 어두워 보일 수 있으므로 주의한다.

⑤ 수시로 메이크업을 점검하여 항상 깔끔한 모습을 유지할 수 있도록 수정한다.

3. 손톱 정리하기

손톱은 관리 시에 고객의 신체와 직접적으로 접촉하는 부위이므로 피부미용 직무수행에서 매우 세심한 주의를 기울여야 하는 부위이다. 손톱의 구조와 손톱 질환의 원인을 인지하고 평상시에 항상 적당한 모양으로 청결하고 위생적으로 관리해야 한다.

1. 손톱의 구조

손톱은 손가락 끝을 보호하고 지지해 주는 케라틴 단백질로 이루어진 피부의 부속기관이다. 눈으로 보이는 각질세포 부분을 조체라고 하며 조체의 각질세포는 손톱 끝으로 갈수록 강도가 강해진다. 조체를 둘러싼 부분을 조곽이라고 하며 조곽 밑에 숨겨진 부분을 조근, 손톱을 계속 자라게 하는 부분을 조모라고 한다. 조갑 아래 부분을 조상이라 하는데 조체를 받쳐주는 역할을 하며 손톱이 자랄 수 있도록 영양을 공급해 주는 혈관이 많이 모여 있다. 조모의 앞쪽에 반달 모양으로 희게 보이는 부분을 조반월이라고 하는데, 완전히 케라틴화가 되지 않은 부위이다. 조소피는 원부위를 덮고 있고 조모를 보호하는 역할을 한다.

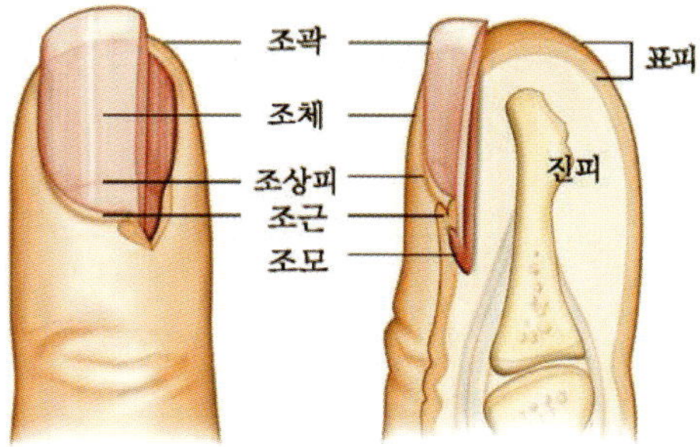

그림 3-9 손톱의 구조

2. 손톱 질환

표 3-1 손톱 질환과 증상

손톱질환	증상
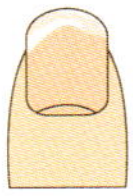 조갑연화증 (오니코말라시아, Onychomalacia)	• 달걀 껍질처럼 손톱이 전체적으로 부드럽고 가늘며 하얗게 됨 • 손톱 끝이 아래로 휘어짐
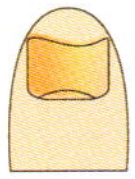 조갑위축증 (오니코아트로피, Onychoatrophiy)	• 손톱이 축소, 주로 새끼발톱에서 발생 • 조체 윤기, 광택 부족 • 오므라들면서 떨어져 나감
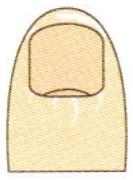 거스러미 손톱 (행네일, Hang nail)	• 손톱 주위 큐티클의 작은 균열로 건조해서 갈라짐
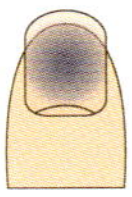 혈종/멍든 네일 (헤마토마,Hematoma, Hematomi, Bruised nail)	• 멍든 손톱 • 손톱 전체가 시커멓게 변하거나 네일 바디에 푸른 멍이 반점처럼 나타남
 내성발톱, 감입손발톱 (오니코크립토시스, Onychocryptosis/ Ingrown nail)	• 주로 엄지발톱에 발생 • 네일이 양 사이드 살 속(조구)으로 파고 드는 증상
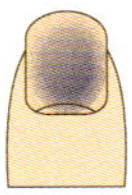 모반, 검은 반점 (니버스, Nevus)	• 손톱 표면의 거무스름한 얼룩 현상이 나타나는 현상
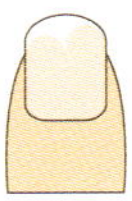 표피조막증, 조갑익상승 (테리지움,Overgrowth of the Cuticle)	• 큐티클이 손톱 표면을 덮는 증상
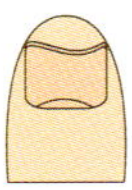 교조증/조체증 (오니코파지, Onychophagy)	• 손톱이 뜯겨져 나간 상태 • 손톱의 크기가 작아지고 울퉁불퉁해짐
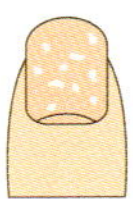 백색 반점, 조백반증 (루코니키아, White spot)	• 손톱 표면의 작은 흰 점
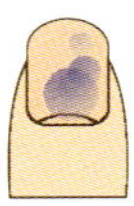 조갑청맥증 (오니코싸이아노시스, Onychocyanosis)	• 푸르스름한 손톱 표면 색

건강한 손톱은 말절골 바닥에 단단하게 부착되어 있으며 아치 형태로 분홍색을 띠고 탄력과 윤기가 있다. 손톱 질환에는 인체 내부에서 수분을 충분히 공급 받지 못한 조상의 수분 공급 부족, 네일 에나멜과 리무버의 빈번한 사용에 의한 탈수 및 탈지, 비누와 세제에 의한 탈지 등의 원인이 되는 손톱층상분열증이 있다. 손톱이 얇아지는 경우도 있는데 저색소성 빈혈로 인한 손가락 끝의 약화된 혈류가 원인이다.

손톱 형태 자체의 변형이 오기도 하는데 유전적 원인 또는 폐, 심장, 내분비 질환과 같은 질병에 의해 손톱의 끝이 숟가락을 엎어놓은 것과 같이 된다. 반대로 손톱 끝이 위로 젖혀지는 경우도 있는데, 철분 부족, 혈액순환 저하, 빈혈의 경우에 나타난다.

3. 손톱 정리법

① 손톱은 매일 네일 파일을 사용해서 손톱의 윗면, 옆면이 각이 지지 않도록 적당한 길이로 동그랗게 다듬어 준다. 길이가 길어도 관리 중에 긁힐 수도 있지만 너무 바짝 밀면 세균이 들어가 염증이 생길 수 있으니 주의해야 한다.

② 손톱의 거스러미는 개인용 도구를 사용해서 뜯지 말고 잘라내야 한다. 뜯어내는 과정에서 많은 부분이 과다하게 뜯어지면 염증이 생기거나 심한 경우 손톱의 뿌리가 상하는 경우도 있다.

③ 손톱의 굳은살을 제거해야 한다. 굳은살은 뜯어내거나 손톱깎이로 제거하게 되면 감염의 위험이 있고, 살이 점점 두꺼운 형태로 생성 될 수 있기 때문에 따뜻한 물로 딱딱해진 굳은살 부위의 각질을 잘 불려준 뒤 각질제거용 버퍼로 가볍게 문질러 주는 것이 좋다.

④ 손톱 정리 후에는 그 부분이 건조해져 다시 각질층이 두터워지지 않도록 충분한 양의 핸드크림을 발라서 손이 거칠어지지 않게 유지한다.

※ 주의사항

관리시에 청결과 위생을 유지하기 위하여 매니큐어는 칠하지 않는다. 투명 매니큐어나 손톱 보호제, 코팅제 등도 관리시에 사용하는 제품과 반응을 일으킬 수 있으므로 사용하지 않는다.

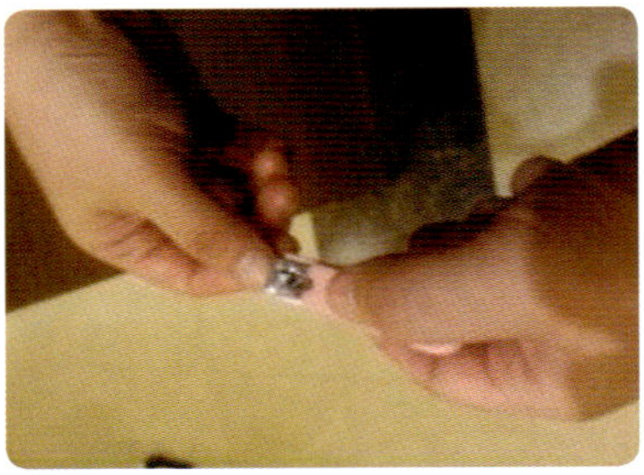

1단계 : 개인용 손톱깎이를 이용해서 바닥에 휴지, 신문지 등을 깔고 손톱을 짧게 자른다.

2단계 : 고운 파일로 손톱의 윗면과 옆면의 모양을 동그랗게 조절해서 다듬는다.

3단계 : 파일의 부드러운 면으로 손톱의 양 옆 윗부분을 광이 날 수 있게 문지른다.

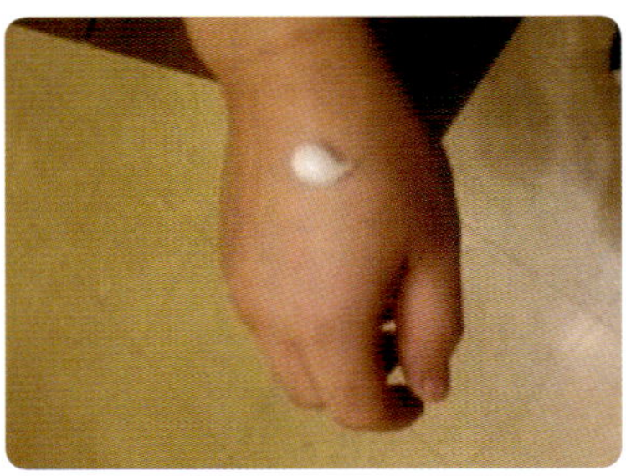

4단계 : 손톱 정리 후에 손등, 손바닥, 손톱 위까지 핸드크림을 바른다.

그림 3-10 손톱 다듬는 방법

4. 피부미용사 개인위생

피부미용사는 고객과 20~30cm 정도의 가까운 거리에서 업무를 수행하기 때문에 항상 몸에서 냄새가 나지 않도록 유의해야 한다. 구취증, 액취증, 다한증 등으로 인한 몸 냄새는 근본적인 원인을 제거할 수 있도록 치료를 받아야 한다. 또한 유니폼을 정기적으로 깨끗하게 관리하고 관리 전과 후에는 반드시 손을 씻어서 냄새를 제거하며 업무를 수행하는 동안 땀이 흐르면 적절하게 닦아야 고객에게 청결하고 위생적인 느낌을 주어야 한다.

1. 증상 유발요인

(1) 구취증 (Mouth odor)

피부미용 직무는 고객과 20~30 cm의 가까운 거리에서 수행하기 때문에 특히 구취에 유의해야 한다. 평상시에 구취 자가 측정법을 통하여 수시로 점검하고 구취를 유발할 수 있는 인체 질환은 전문의의 치료를 받도록 한다.

구취가 나는 경우는 다음과 같다.

① **아침 기상 시 나는 구취** : 침은 소화 기능 외에 입속을 깨끗하게 청소하는 역할을 한다. 취침 시에는 침의 분비가 적고 입속 세균이 증가하고 양치 후에도 남아 있는 찌꺼기와 입속에서 떨어져 나온 상피조직 등이 부패하기 때문에 아침에는 모든 사람이 구취가 난다. 단순 구취는 양치를 하면 저절로 사라지지만 장기에 문제가 있다면 양치를 한 후에도 바로 다시 구취가 나므로 전문의의 치료를 받아야 한다.

② **공복 시에 나는 구취** : 음식물을 먹지 않으면 침이 덜 분비되고, 그 결과 침의 입속 자정 기능이 저하되어 구취가 나기 쉽다. 또한 배가 고프면 혈당이 떨어져 저혈당 상태가 되는데, 이때 음식물을 섭취하면 단백질과 지방의

대사가 불완전하게 이루어져 악취가 나는 물질이 과잉 생성된다. 이런 물질이 날숨과 함께 나와 구취의 원인이 된다.

③ **소화기 질환으로 인한 구취** : 소화불량, 위염, 위궤양, 역류성 식도염과 같은 소화기 질환이 있으면 구취를 유발할 수 있으며 평소 규칙적인 식습관을 통해 잘 관리해야 한다. 또한 만성이 되지 않도록 증상이 있으면 즉시 전문의의 치료를 받는다.

④ **비염, 축농증 등 호흡기 질환으로 인한 구취** : 구취로 병원을 찾는 환자 중의 약 30%는 비염, 후비루, 축농증 등의 증상을 함께 보인다. 후비루는 비염을 제때 치료하지 않고 오래 방치하면 생긴다. 후비루 때문에 혀 뒤쪽이나 목 안쪽, 편도선 등에 분비물이 쌓이면 세균이 증식해서 구취가 생기기 쉽다. 편도결석, 편도선염, 인후염, 기관지염, 기관지확장증 등도 구취의 원인이다.

⑤ **음주에 의한 간기능 저화로 인한 구취** : 음주 등으로 간 기능이 저하되면 장내에서 생겨난 암모니아를 제대로 분해하지 못해 혈중 암모니아 수치가 높아지고, 그 때문에 구취가 심하게 난다.

⑥ **신장 기능 약화에 의한 구취** : 단순히 신장 기능의 약화만으로 구취를 유발하는 것이 아니며 위나 간 등의 소화기 기능이 함께 저하되어 구취가 발생한다. 몸 전체의 회복력이 떨어지므로 다른 원인의 구취에 비해 치료기간이 오래 걸린다.

⑦ **입속의 질병으로 인한 구취** : 혀 위에 발생하는 설태는 입속 원인으로 발생하는 구취의 약 60%를 차지한다. 태가 끼는 혀 점막은 음식물 찌꺼기와 세균이 번식하기 쉬운 환경이므로 구취의 원인이 되며 양치를 할 때 가볍게 긁어서 제거하는 것이 좋다. 그러나 근본적으로 건강해야 구취를 유발하는 설태가 끼지 않는다. 잇몸에 염증이 생기거나 충치, 구내염 등이 생겼을 경우도 구취의 직접적인 원인이 된다.

(2) 액취증 (Body odor)

피부표면은 땀과 같은 액체 물질을 분비하는 기능이 있다. 한선이 이런 기능을 담당하며 땀을 분비하는 에크린 한선(apocrine sweat gland, 소한선)과 점성 있는 액체 물질을 분비하는 아포크린 한선(apocrine sweat gland, 대한선)으로 나누며, 아포크린 한선은 에크린 한선에 비하여 형태가 크고 진피 깊숙이 위치하며 모낭과 연결되어 피부표면으로 통하게 되어 있다.

액취증은 아포크린 한선의 분비액에서 비롯되는 것이며, 액와부(겨드랑이), 회음부, 안검부, 외이도, 유두 주변 등에 분포하고 있으며, 분비 당시는 지방과 콜레스테롤이 함유된 무균성, 무취성이지만 약알칼리성이어서 세균감염이 일어나기 쉬워서 피부에 상주하고 있는 세균의 작용으로 지방산과 암모니아로 분해되어 특징적인 냄새를 낸다.

특히 액와부에서 악취가 나는 것을 액취증이라 한다. 사람에 따라 냄새가 나는 정도는 다르고 특히 아포크린 한선의 기능은 사춘기에 접어들면서 내분비 기능 등에 따라 변하게 되는데 여자의 경우 월경 직전에 액취증의 증상이 심해지며 월경기간 중이나 임신 중에는 감소하고 폐경기 이후에는 증상이 소실되기도 한다.

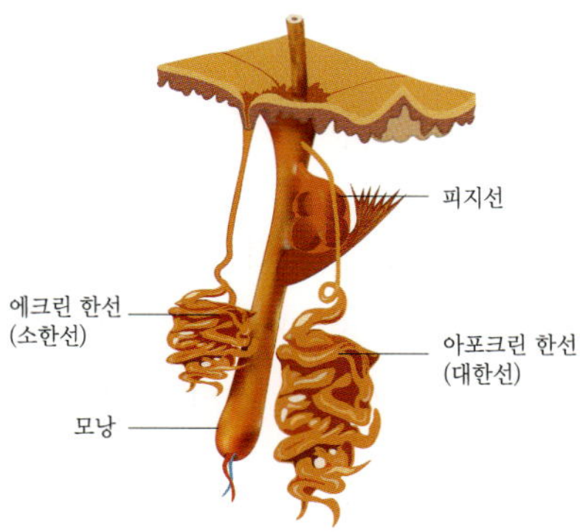

그림 3-11 에크린 한선과 아포크린 한선

(3) 다한증 (Hyperhidrosis)

다한증은 자율신경계 교감신경의 지배를 받는 에크린한선(소한선)의 과도한 활동으로 사람에 따라 두피, 얼굴, 손, 발, 겨드랑이 등의 국소 부위에서 일상생활에 지장을 줄 정도로 땀이 많이 분비되는 질환이다. 다한증은 운동 등의 온도 상승으로 발생하기보다는 주로 정신적인 긴장상태에서 나타나기 때문에 사회생활과 대인관계에 큰 문제를 일으키면 스트레스까지 유발하게 된다.

특히 손에 다한증이 있는 경우 땀의 증발로 인해 체온이 떨어지면 이것이 다시 교감신경을 자극해서 다한증을 더욱 악화시키며 손은 차가운데 땀은 많이 나는 이상한 증상이 나타난다. 심해지면 가슴 두근거림과 손바닥의 열감도 함께 나타나며, 접촉성 피부염을 유발하기도 하고 세균 번식 등으로 인해 악취를 동반하기도 한다. 매뉴얼 테크닉을 주로 사용하는 피부미용 직무는 손의 청결이 매우 중요하므로 다한증은 전문의와 상담하여 치료를 받아야 하며 평상시에도 청결을 유지할 수 있게 주의를 기울여야 한다.

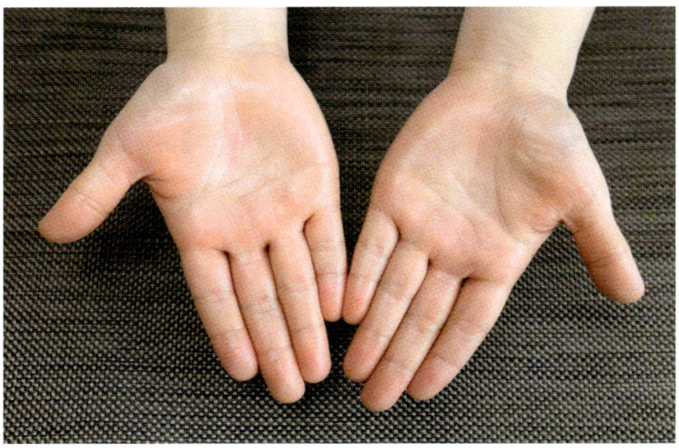

그림 3-12 다한증으로 인한 증상

수행 Tip

피부미용사의 손 위생

① 관리 전 후 소독 비누나 알코올 솜으로 손을 소독한다.
② 마사지 전 · 후, 여드름 압출관리 전 · 후 손을 항상 씻고 소독한다.
③ 관리 중 부득이하게 전화를 받을 때는 티슈를 대고 받는다.
④ 돈을 만진 후에는 손을 씻어 청결하게 한다.
⑤ 관리 중 자신의 머리카락을 만지지 않는다.

(4) 발냄새 (Foot odor)

특히 여름에는 높아진 습도 때문에 세균이나 곰팡이에 감염되기 쉬워지기 때문에 피부 각질에 염증이 생겨 냄새가 심해진다. 발의 청결이 중요하지만 씻은 후에 물기를 완전히 제거하는 것이 중요하며, 땀이 많이 나면 물 마시는 횟수를 줄이는 것도 방법이다. 발 냄새가 날 때 향수를 뿌리면 오히려 땀과 뒤섞여 역한 냄새가 날 수 있다.

슬리퍼나 신발도 수시로 세탁을 해주고 특히 건조를 잘해줘야 하며, 땀이 많이 나는 직원의 경우 축축해진 양말을 신는 것은 세균이나 곰팡이에 오염되기 쉬우니 여벌의 양말을 준비해 두었다가 새 양말로 갈아 신는 것이 좋다.

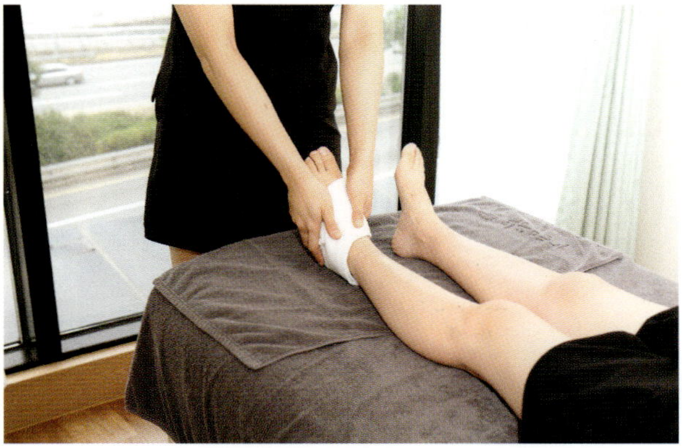

그림 3-13 발관리

(5) 발에 생기는 질병

발에 생기는 질병은 주로 볼이 좁은 신발을 오래 신어 발의 뼈에 문제가 생기기도 하고 장시간 서 있거나 잘못된 식습관과 운동부족 등 다양한 경로를 통해 발생한다.

① **중족골통** (metatarsalgia, 中足骨痛) : 발크기보다 작은 신발을 오랫동안 신어 제2, 제3, 제4중족골이 내려앉고 제1중족골과 발가락뼈의 변형으로 통증을 느끼게 되는 증상이다. 발 아치도 무너져 오랫동안 걸으면 중족골의 통증뿐만 아니라 보행도 틀어지게 된다. 특히 무지가 바깥 방향으로 외반 됨으로 인해 꽉 끼는 신발을 신었을 경우 제1중족골과 발가락뼈의 꺾어진 부위에 염증이 생기거나 피부가 두꺼워져서 굳은살 등을 만들기도 한다.

② **족저근막염** (plantar fascitis, 足底筋膜炎) : 족저근막은 발바닥에 있는 근육의 막을 말하며 그 부위에 염증이 생겨 통증이 오는 경우이다. 평소에 많이 걷지 않는 사람이 많이 걷거나 오래 서있게 되면 발바닥이 당기고 통증이 오는 증상이 있다. 주로 평발인 경우가 많아 발 아치 부위가 올라온 깔창을 깔거나 바닥이 부드럽고 충격흡수가 잘 되는 재질로 만든 신발을 신는 것이 좋다.

③ **하지정맥류** (varicose vein, 下肢靜脈瘤) : 보통 여성들에게 많이 나타나는데, 직업상의 이유로 장시간 서 있거나 임신 중에 순환이 잘 안되어 정맥에 노폐물이 정체가 되면서 정맥혈관이 늘어져서 돌출된 상태를 말한다. 증세 초기에는 정맥류용 압박스타킹을 사용하지만 심한 경우에는 병원에서 치료를 받아야 하며, 자주 움직여주고 규칙적인 운동을 해주고 저녁에 다리를 약간 높여 주고 하지를 쓸어 올려준다.

④ **통풍** (ventilation, 通風) : 통풍은 단백질의 과다섭취로 인해 인체 내에서 대사 작용을 통해 배출되고 남은 찌꺼기가 요산형태로 발에 축적되어 생긴다. 주로 발가락 사이에 쌓여 신경을 누르거나 신경을 자극하여 전기가 오듯이 찌릿찌릿한 통증을 유발시킨다. 요산이 관절 사이에 쌓이게 되면 관절마다 통증이 오므로, 발관리만으로 해결될 수 없으며 운동요법과 약물치료를 병행하여야 한다. 음식섭취에 있어서 고기를 줄이고 채소 위주의 식단으로 바꿔주어야 한다.

2. 몸 냄새 예방법

(1) 구취증 예방법

구취 자가측정법으로는

① 3분간 숨을 참고 코로만 가볍게 호흡한 뒤, 종이컵에 입으로 숨을 내쉬어 냄새를 맡는다. 심한 냄새가 나는 경우에는 전문의의 치료가 필요하다.

② 손목을 깨끗이 닦고, 혀로 손목을 핥은 후 냄새를 맡아본다. 냄새를 유발하는 물질은 휘발성이 있으므로 되도록 빨리 냄새를 맡아야 정확한 결과를 알 수 있다.

③ 혀의 깊숙한 안쪽 부분을 면봉이나 거즈로 닦아서 냄새를 맡아본다. ④ 깨끗한 종이컵을 준비한 뒤 침을 모아서 뱉고 냄새를 맡아본다.

⑤ 치실로 치아와 치아 사이사이를 닦은 뒤 냄새를 맡는다. 특히 평소 음식물이 잘 끼는 치아 사이를 닦아보면 정확한 결과를 알 수 있다. 치실에서 냄새가 많이 나면 입속 위생 상태가 불량하다는 뜻이며 심한 구취가 날 수 있다.

구취 예방법에는

① 구취가 나지 않도록 수시로 양치를 한다.
② 적절한 양의 식사를 규칙적으로 한다.
③ 건강을 해칠 수 있는 지나친 음주와 흡연을 삼가한다.
④ 평상시에 구취 예방에 좋은 매실차, 솔잎차, 갈근차, 민들레차 등을 즐겨 마신다.
⑤ 관리 시 마스크를 착용한다.

(2) 액취증 예방법

액취증은 남자보다 여자가 비교적 많은 것으로 알려져 있으며, 액취증이 발생하면 병원에서 치료를 받아야 증상이 완화되며, 수시로 닦아내거나 제품을 사용하여 냄새를 방지해야 한다. 데오도란트(deodorant) 제품은 땀구멍을 막거나 세균을 죽이는 두 가지 방식으로 분비를 직접 억제해 주는데, 항생물질이자 방균역할을 하는 트리클로산(triclosan) 성분을 함유하고 있다.

자세한 예방법은 다음과 같다.

① 항상 땀을 자주 씻어내고 건조시키는 청결한 생활습관으로 목욕과 샤워를 자주한다.
② 땀의 흡수와 통풍이 잘 되는 천연섬유인 면소재의 옷을 입고 자주 갈아입는다.
③ 겨드랑이털은 피지와 섞여 세균이 번식하기 쉽기 때문에 되도록 제모를 한다.
④ 데오도란트와 같이 땀의 분비를 억제하는 제품을 사용하면 액취증 예방에 도움이 된다.
⑤ 액취증 증상이 아주 심할 경우 병원을 찾아 상담을 하고 적절한 치료를 받는 것이 좋다.

⑥ 체취에 영향을 주는 지방 섭취를 자제하고, 마늘, 양파 등의 향신료 섭취도 주의한다.

⑦ 비타민 E가 많이 들어간 쌀, 보리, 배아, 깨, 당근, 호박, 시금치 등을 섭취한다.

(3) 다한증 예방법

① 보톡스 등 약물주입식 치료와 심할 경우 교감신경을 차단하는 시술이 있다.

② 술, 커피 등의 카페인 음료와 맵고 짠 자극적인 음식은 교감 신경을 흥분시키므로 피하는 것이 좋다.

③ 칡, 부추, 둥글레차 등을 섭취하면 도움이 된다.

표 3-2 다한증 체크리스트

다한증 체크리스트
□ 한번 땀이 나면 잘 멈추지 않는다.
□ 땀을 많이 흘려서 걱정이 많은 편이다.
□ 긴장하거나 집중하면 땀이 많이 난다.
□ 땀이 많이 나서 목욕 또는 샤워를 자주 한다.
□ 다른 사람들 앞에서 땀을 많이 흘릴까봐 늘 불안하다.
□ 땀을 억제하기 위해 땀 억제제나 파우더를 사용한 경험이 있다.
□ 땀 때문에 여벌의 양말이나 옷 등을 챙기는 편이다.
□ 땀 때문에 수술을 생각해 본 적이 있다.
□ 땀이 많이 나서 화장을 하면 늘 불편하다.
□ 땀 때문에 직업 선택에도 영향을 미친다.

※ 위 항목 중에 6개 이상 해당 된다면 다한증을 의심해 볼 수 있음.

(4) 발냄새 예방법

① 항상 발을 청결히 하여 감염에 주의한다.
② 발냄새 방지 스프레이는 신발이나, 양말을 신은 채로 위에 뿌려주어도 좋다.
③ 평소 신발 속에 백반, 신문지 등의 탈취제를 넣어 놓거나, 제올라이트(zeo-lite) 등의 흡착, 탈수기능 함유제품을 사용한다.
④ 기능성 신발에 무독성 항균, 탈취제가 함유된 깔창이나 신발내피가 사용된 신발을 신는다.
⑤ 발 냄새가 심한 경우에는 항균비누나 박하성분을 첨가한 족욕이 도움이 된다.

그림 3-14 발냄새 예방법 (족욕법)

(5) 생활 속 몸 건강 포인트

1) 의자에 앉을 때의 자세

의자에 앉을 때의 나쁜 자세는 다리 옆으로 두고 앉기, W자 모양으로 앉기, 의자에 X자형으로 앉기, 의자에 등만 기대고 앉기, 다리 꼬고 앉기 등이 있다. 의자에 앉을 때 좋은 자세는 등과 허리를 곧게 펴고 엉덩이를 의자 깊숙이 넣어 앉아야 한다. 넓적다리 안쪽에 힘을 주고 무릎과 발을 가지런히 모은다. 엉덩이가 펑퍼짐하면 엉덩이를 조이면서 앉는 것이 좋다. 발은 바닥에 붙인다.

그런데 의자가 너무 높으면 엉덩이를 의자 깊숙이 넣고 앉았을 때 발이 들릴 수 있다. 따라서 자기에게 맞는 의자 높이를 선택하는 것도 중요하다.

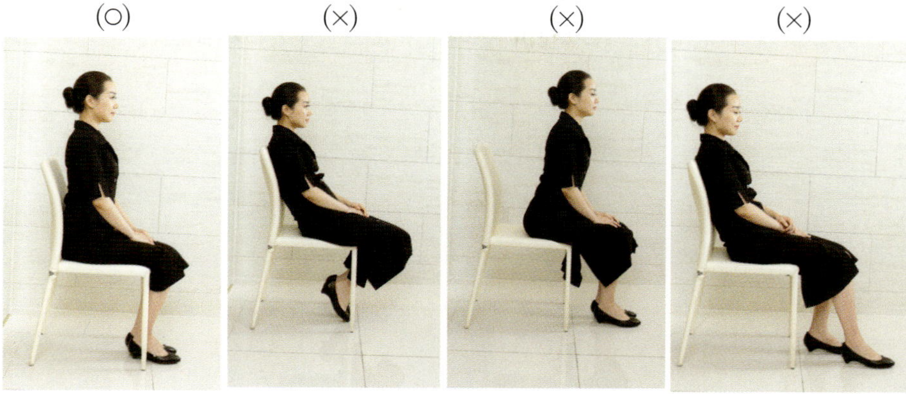

그림 3-15 의자에 앉을 때의 자세

2) 취침 자세

잠을 잘 자면 낮 동안에 쌓인 피로도 풀리고 새로운 하루를 시작할 충분한 에너지를 얻을 수 있다. 잠은 자세가 가장 중요하므로 몸에 부담을 주지 않는 가장 편안한 자세로 자야한다. 잠을 잘 때는 똑바로 누워 자는 것이 가장 좋다. 두 팔을 몸 옆으로 가지런히 두거나 가슴에 살짝 올려놓고, 다리를 너무 벌리지 않아야 한다. 척추측만이나 요통으로 고생하는 사람들은 무릎에 쿠션을 끼고 자면 도움이 된다.

그림 3-16 취침 자세

3) 가방 사용 시 주의사항

① **손에 드는 가방** : 가방을 한 쪽으로 계속 드는 자세는 무거운 책가방이 어깨관절의 변형과 척추불균형의 원인이 될 수 있으며 가장 무리가 되는 자세이다. 좌측과 우측 교대로 자주 드는 것과 무게를 적게 넣는 것이 가장 좋은 해결 방법이다. 한 쪽으로 가방을 계속 들고 다니면 그 쪽의 손목과 어깨에 힘이 많이 들어가므로 어깨와 손목에 피로가 쌓여 뻣뻣해지고, 힘을 주지 않으면 가방의 무게를 이기지 못하고 허리와 등이 휜다.

손잡이가 너무 긴 것은 손목과 어깨에 더 힘이 들어간다. 손에 가방을 들고 걸을 때는 가방을 든 손은 흔들지 않는 것이 좋으며 다른 한 손만 적당히 흔들어주고 손을 바꿔들어 좌우의 균형을 맞추어 주어야 한다. 가방이 너무 무거우면 어깨에 힘을 주지 말고 배에 힘을 주어야 어깨에 무리가 가지 않는다.

그림 3-17 가방 사용 시 주의사항

② **어깨에 메는 가방** : 가방을 어깨에 한쪽으로만 메는 경우 어깨와 척추가 한쪽으로 휠 수 있다. 또한 어느 한쪽 어깨로 멨을 때 더 편하다면 이미 좌우 불균형이 깨진 상태라고 볼 수 있다. 어깨에 가방을 메려면 가방 길이가 너무 길지 않은 것을 고르는 것이 좋으며 가방이 늘어지면 걸을 때 마다 가방이 시계추처럼 흔들려 쉽게 피곤해지고 허리에 부담도 많이 간다. 가슴까지 오는 길이가 가장 적당하고, 손목이나 팔꿈치로 가방을 눌러 가방이 흔들리지 않도록 하는 것이 좋다. 가방이 무거우면 사선으로 메서 어깨에 실리는 무게를 분산시키는 것도 추천할 만하다.

그림 3-18 어깨에 메는 가방

③ **등에 메는 가방** : 보통 가방을 등에 메는 것이 가장 좋다고 하지만 잘못 메면 몸이 틀어진다. 등에 멘 가방의 무게를 지탱하느라 허리와 등을 굽히기 때문에 척추가 휘어지기 쉽다. 가능한 한 등에 딱 붙는 가방을 선택해야 하며 가방이 너무 길어 허리까지 내려오면 걸을 때마다 가방이 들썩여 걷기가 힘들고, 어깨와 허리에 통증이 생긴다. 등산용 배낭은 가슴과 허리를 잡아

주는 띠가 있는데, 이 띠를 꼭 채우면 가방의 무게를 효과적으로 분산시켜 주기 때문에 몸에 부담이 적다.

(×) (○)

그림 3-19 등에 메는 가방

4) 걸음걸이

① 바른 걸음걸이

- 3스텝 : 몸의 체중을 받치고 있는 발의 보행은 건강과도 직결되는 부분이므로 올바른 보행법이 중요하다. 보행 시 발이 지면에 닿는 상태를 분석해 보면 제일 먼저 발뒤꿈치가 닿게 되고, 두 번째로 발바닥 전체가 닿고, 세 번째로 발끝이 밀면서 앞으로 나가게 되는 과정을 3 스텝이라 하며 정상적인 발의 보행은 이러한 과정을 반복하여 걷게 된다.

- 3지점 : 보행 시 발이 지면에 다 닿았을 때 체중의 분산이 발뒤꿈치에 50%, 발바닥 앞면의 안쪽이 30%, 발바닥 앞면의 바깥쪽이 20%로 3지점에 체중이 분산이 되어야 올바른 보행이라 할 수 있다.

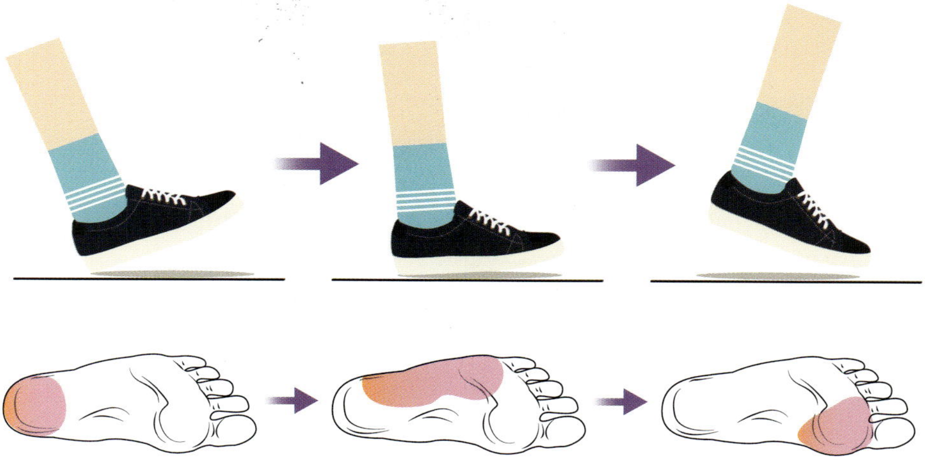

그림 3-20 착지와 무게 중심 이동

그림 3-21 바르게 걷기 자세

- **바른 걸음걸이와 자세** : 걸음걸이는 우리 몸의 건강과 습관을 반영하는 거울과도 같다. 평소의 생활습관과 건강상태가 그대로 걸음걸이에 투영되므로 건강하고 예쁜 걸음걸이를 만들려면 잘못된 생활습관과 자세를 고치고 걸음걸이를 위협하는 몸속 질병들을 치료해야 한다. 걸음걸이를 바르게 하면 호흡기의 기능이 증진되고 혈액순환이 좋아져 관절과 근력이 튼튼해지며, 심장마비·골다공증·고혈압·당뇨병 등의 합병증의 위험성이 감소되고, 스트레스나 우울증 치료에 도움이 된다.

• 건강을 해치는 걸음걸이 : 잘못된 걸음걸이 때문에 발생할 수 있는 질병으로는 퇴행성관절염, 연골연화증, 슬개대퇴동통 증후군 등이 대표적이다. 퇴행성관절염은 무릎 연골이 손상되거나 닳아 관절을 이루는 뼈와 인대에 상처를 내서 염증과 통증이 생기는 질병이다. 연골연화증은 연골이 물러지는 질병으로 주로 나쁜 걸음걸이와 자세로 지속적으로 무릎에 과도한 충격을 주었을 때 발생한다. 슬개대퇴통증 증후군도 마찬가지다. 이 질병 역시 가장 흔한 무릎 관절질병 중 하나로 주로 무릎 안쪽이나 안쪽에 통증이 많이 생긴다.

수행 Tip

올바른 걸음걸이 체크포인트

① 가슴을 펴고 턱을 약간 당긴다. 시선은 전방 10~15m에 둔다.
② 허리와 등을 곧게 펴고 걷는다.
③ 팔을 자연스럽게 앞뒤로 흔든다.
④ 배에 힘을 주고 걷는다.
⑤ 엉덩이가 좌우로 흔들리지 않도록 조심한다.
⑥ 발뒤꿈치 → 발바닥 바깥쪽 → 앞꿈치 순으로 굴리듯이 걷는다.
⑦ 두 발이 11자 모양을 이루도록 걷는다.

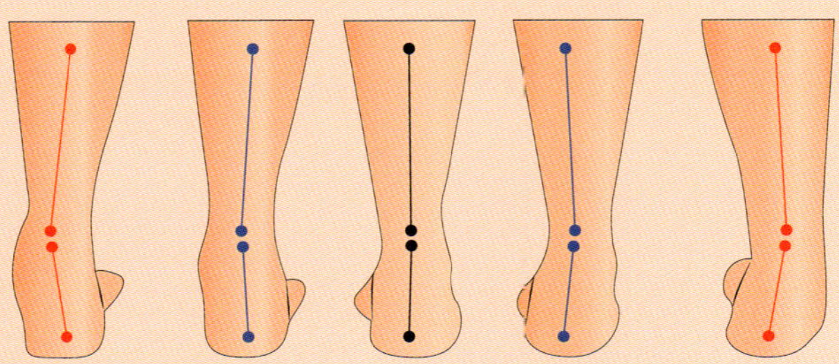

표 3-3 건강을 해치는 나쁜 걸음걸이 유형

번호	걸음걸이 유형	증 상
1	새가슴 걸음걸이 (가슴 젖히고 걷기)	① 목이 쑤시고 아프다. ② 허리와 등이 아프다. ③ 배가 나온다. ④ 엉덩이가 뒤로 빠진다.
2	움츠린 고양이 걸음걸이 (거북등 걸음걸이)	① 거북목이 되기 쉽다. ② 등이 굽고 쉽게 피로해진다. ③ 허리가 앞으로 쏠리고 아프다.
3	아장아장 안짱걸음	① 고관절이 안쪽으로 돌아간다. ② 무릎이 벌어져 O 다리가 되기 쉽다. ③ 양 발끝이 안쪽으로 향한다.
4	양반 팔자걸음	① 고관절과 무릎이 바깥으로 돌아간다. ② 허리가 뒤로 젖혀져 요통과 다리 저림 현상이 나타날 수 있다. ③ 발끝을 바깥으로 벌리고 걷는다. 신발 뒤꿈치 바깥쪽이 빨리 닳는다.
5	한쪽 골반 빙빙 걸음	① 한쪽 골반이 몸 안쪽으로 돌아간다. ② 반대쪽 다리에 체중이 많이 쏠린다. ③ 골반이 돌면 발끝은 안쪽을 향한다.
6	모델 섹시 가위걸음	① 요통이 잘 생긴다. ② 엉덩이가 많이 흔들려 고관절에 부담을 준다. ③ 허벅지 안쪽 근육이 쉽게 긴장된다. ④ 무릎을 교차하며 걸어 쉽게 무릎에 통증이 온다.
7	터덜터덜 걸음걸이	① 다리에 체중이 많이 실려 쉽게 피로해진다. ② 발바닥 전체가 닿아 평발이 되기 쉽다.
8	팔팔 요란한 걸음	① 어깨에 부담이 많이 가 쉽게 뻣뻣해지고 결린다.

학습 요약

1. 직원 복장 및 자세

① 피부미용사의 "위생상태 체크리스트"를 숙지하여 고객을 맞이하는 몸가짐을 청결하고 단정하게 한다.
② 위생복(유니폼) 착용 시에는 명찰을 부착하여 전문가임을 알리며 고객을 눈맞춤과 미소로 응대하며, 관리 시에는 마스크를 착용한다.
③ 실내화 착용방법은 충격을 흡수할 수 있는 재질로서 유니폼과 어울리는 디자인으로 선택하여 청결상태를 유지한다.

2. 직원용모

(1) 두발 손질하기

① 고객관리를 하는 동안에는 머리카락이 떨어지거나 얼굴 등을 가리는 것을 방지할 수 있도록 청결하고 단정하게 머리를 정돈하여야 한다.
② 긴 머리는 머리망을 이용하여 잔머리가 나오지 않도록 업스타일로 정돈한다.
③ 묶이지 않는 짧은 머리는 얇은 핀, 젤, 헤어스프레이 등을 이용하여 옆머리를 고정한다.

(2) 피부미용사 메이크업 연출방법

① 본인의 피부 톤과 피부 타입에 맞는 제품을 선택하여 맑고 투명하게 피부를 보정한다.

② 자연스러운 눈썹형태와 또렷한 눈매를 만들도록 눈 메이크업을 한다.

③ 피부에 혈색과 생기를 부여하여 건강해 보이도록 볼터치와 입술 메이크업을 한다.

(3) 손톱 정리하기

① 손톱은 피부의 부속기관으로 조체, 조곽, 조근, 조모 등으로 구성되어 있다.

② 손톱 질환에는 손톱 층상 분열증이 있으며 손톱 형태 자체의 변형이 오기도 한다.

③ 손톱은 매일 네일 파일을 이용하여 각이 지지 않도록 적당한 길이로 동그랗게 다듬는다.

④ 거스러미와 굳은살은 뜯지 말고 도구를 사용하여 가볍게 제거한다.

⑤ 손톱 정리 후에는 충분한 양의 핸드크림을 바른다.

⑥ 매니큐어 및 투명 손톱 보호제는 제품과 반응을 일으킬 수 있기 때문에 사용하지 않는다.

(4) 피부미용사 개인위생

1) 증상 유발요인 및 예방법

① 구취증 예방법

- 자가 측정법을 이용하여 수시로 점검하고 구취 유발 질환은 전문의의 치료를 받는다
- 구취는 예방하는 것이 최선이므로 생활 속에서 구취 예방법을 반드시 실천한다.

② 액취증 예방법

- 액취증은 아포크린 한선(대한선)의 분비액에서 비롯되며, 분비액은 지방

과 콜레스테롤이 함유되어 있으며 약알칼리성이어서 청결하지 않으면 세균감염이 일어나기 쉽다.

- 액취증 예방을 위해서는 땀을 자주 씻어내고 건조시키는 청결한 생활습관으로 목욕과 샤워를 자주하고, 땀 분비 억제제품 사용과 향신료 섭취를 줄이고 비타민 E를 섭취한다.

③ 다한증 예방법

- 다한증은 자율신경계 교감신경의 지배를 받는 에크린 한선(소한선)의 과도한 활동으로 두피, 얼굴, 손, 발, 겨드랑이 등의 국소 부위에서 일상생활에 지장을 줄 정도로 땀이 많이 분비되는 질환이다.
- 피부미용사의 손 위생을 위해 관리 전·후는 물론 항상 손 소독에 신경을 써야 한다.

④ 발냄새 예방법

- 발은 청결이 중요하며 씻은 후에 물기를 완전히 제거하는 것도 중요하다.
- 무독성 항균, 소취제가 함유된 깔창이나 신발 내피가 사용된 기능성 신발 착용을 한다.

⑤ 생활 속 몸 건강 포인트

- 의자에 앉을 때는 등과 허리를 곧게 펴고 엉덩이를 의자 깊숙이 넣어 앉는다.
- 가장 편안한 자세로 취침하여 낮 동안에 쌓인 피로를 회복할 수 있도록 한다.
- 피부미용사는 손과 어깨를 많이 쓰는 직업이므로 평소 가방을 들 때도 무리가 가지 않도록 배에 힘을 주며 몸의 균형에 신경 쓴다.
- 평소에 올바른 자세와 걸음걸이는 호흡기의 기능 증진, 혈액순환 활성화는 물론 관절과 근력을 튼튼하게 하는 원동력이 된다.

평가활용자료

1 NCS 능력단위

분류번호 : 1201010210_14v2
능력단위 명칭 : 피부미용 위생관리
능력단위 정의 : 고객에게 신체적, 정신적으로 안정감을 주기 위하여 작업장을 위생적으로 제공하고 피부미용에 관련된 비품과 직원위생을 철저하게 관리하는 능력이다.

능력단위요소	수행준거
1201010210_14v2.1 피부미용 작업장 위생관리하기	1.1 위생관리 지침에 따라 피부미용 작업장 위생 관리 업무를 책임자와 협의하여 준비, 수행 할 수 있다. 1.2 쾌적함을 주는 피부미용 작업장이 되도록 체크리스트에 따라 환풍, 조도, 냉 · 난방시설에 대한 위생을 점검할 수 있다. 1.3 위생관리 지침에 따라 피부미용 작업장 청소 및 소독 매뉴얼을 작성 할 수 있다. 1.4 피부미용 작업장 소독계획에 따른 작업장 소독을 통해 작업장의 위생상태를 관리할 수 있다.
	[지 식] • 공중위생관리법규 • 작업장 안전사항 • 고객심리에 관한 지식 • 직원의 위생교육에 관한 지식 • 작업장 환경관리
	[기 술] • 작업장 위생 관리 기술 • 실내 소독법 적용능력
	[태 도] • 고객요청 적극적인 수용 태도 • 위생적인 작업 준수

(계속)

능력단위요소	수행준거
1201010210_14v2.2 피부미용 비품 위생관리하기	2.1 위생관리 지침에 따라 피부미용 비품 위생관리 업무를 책임자와 협의하여 준비, 수행할 수 있다. 2.2 위생관리 지침에 따라 적절한 소독방법으로 피부미용실 내부의 비품을 소독 보관할 수 있다. 2.3 소독제에 대한 유효기간을 점검할 수 있다. 2.4 사용종류에 알맞은 피부미용 비품의 정리정돈을 수행할 수 있다.
	[지 식] • 공중위생관리법규 • 피부미용 비품 소독 방법 • 피부미용실 내 세탁물 위생관리 • 작업장 환경관리
	[기 술] • 시각적인 쾌적함 식별능력 • 작업장 비품 청소, 소독 기술
	[태 도] • 안전사항 준수 • 위생적인 작업 준수
1201010210_14v2.3 직원위생관리하기	3.1 위생관리 지침에 따라 피부미용사로서 깨끗한 위생복, 마스크, 실내화를 구비하여 착용할 수 있다. 3.2 장신구는 피하고 가벼운 화장과 예의 있는 언행으로 작업장 근무수칙을 준수할 수 있다. 3.3 위생관리 지침에 따라 두발, 손톱 등 단정한 용모와 신체를 유지할 수 있다.
	[지 식] • 안전사항에 관한 지식 • 고객심리 파악에 관한 지식 • 고객응대에 관한 지식 • 고직원위생관리에 관한 지식
	[기 술] • 관리사의 기본적인 외모 관리능력 • 고객과의 대화 시 적절한 용어사용능력
	[태 도] • 고객을 편안하게 배려하는 태도 • 위생적인 작업 준수

적용범위 및 작업상황

I 고려사항

① 이 능력단위는 고객을 신체적, 정신적으로 안정감을 주기 위해 작업장을 위생적으로 제공하고 피부미용에 관련된 비품과 직원위생을 철저하게 관리하는 직무에 적용한다.

② 이 능력단위의 피부관리용품에는 피부유형별 전문가용과 개인용 기초화장품(메이크업 리무버, 클렌징류, 토닉류, 필링류, 영양크림류, 에센스류, 팩류, 로션 등), 비치용 및 판매용 색조화장품, 바디화장품, 피부미용기구(소모품류: 코튼, 면봉, 화장티슈, 해면, 거즈 등) 외 기기(기기에 따른 소모품), 미용에 관계된 잡지(전문가용과 일반인용)와 신문 등을 포함한다.

③ 이 능력단위의 작업장은 편안한 분위기의 상담실과 위생적이고 아늑해야 하는 피부미용실, 탈의실, 직원 휴게실, 물품관리실을 포함한다.

④ 이 능력단위의 작업장 위생관리는 적정한 조명, 냉 · 난방, 좋은 환기시설, 냉 · 온수가 나오는 상하수도 시설, 소음이 들리지 않는 방음 시설, 청소하기 좋은 바닥재, 정기적인 소독 및 방역 작업 등을 포함한다.

⑤ 이 능력단위에 개인위생이란 공중위생법규나 보건관련 규정에 의한 개인위생을 포함한다.

⑥ 이 능력단위에 관한 직무 수행 결과는 체크리스트 점검으로 확인한다.

II 자료 및 관련 서류

① 전문 화장품회사의 교육자료

② 화장품이나 피부미용 전문잡지 및 신문

③ 인터넷

④ 비디오, DVD 등의 시청각 자료

⑤ 공중위생관리법

Ⅲ 장비 및 도구

① 컴퓨터 및 주변기기

② 미용기기 및 기구

③ 업무용 비품

④ 피부관리용 제품

⑤ 공기정화기

Ⅳ 재료

① 위생용품

② 소독용품

평가지침

Ⅰ 평가방법

① 평가자는 능력단위 피부미용 위생관리의 수행준거에 제시되어 있는 내용을 평가하기 위해 이론과 실기를 나누어 평가하거나 종합적인 결과물의 평가 등 다양한 평가 방법을 사용할 수 있다.

② 피평가자의 과정평가 및 결과평가 방법

2 직무기술서

직무기술서 개요

1) 개념 : 직무기술서는 해당 직무의 목적과 업무의 범위, 주요 책임, 요구받는 역할, 직무 수행 요건 등 직위에 관한 정보를 제시한 문서를 의미

2) 구성요소

① 직무, 능력단위분류번호, 능력단위, 직무목적, 직무 책임 및 역할, 직무 수행요건으로 구성

② 추가 정보 제공을 위해 개발 날짜, 개발 기관을 추가 제시

구성요소	세부내용
① 능력단위분류번호	• 전체 직무 구조 관리를 위한 직무 고유의 코드번호
② 능력단위	• 수행하고자 하는 능력단위의 명칭
③ 직무목적	• 직무를 수행함으로써 이루고자 하는 직무의 목적
④ 개발날짜	• 개발된 년, 월, 일
⑤ 개발기관	• 직무기술서를 개발한 기관
⑥ 직무 책임 및 역할	• 직무에 대한 책임 및 역할 영역 분류 및 상세 내용
⑦ 직무수행요건	• 직무를 수행하기 위하여 개인이 일반적으로 갖추어야 할 사항 – 학력, 자격증, 지식 및 스킬, 사전 직무경험, 직무숙련기간 등

직무 기본 정보

직 무	피부미용	능력단위분류번호	1201010210_14v2
		능력단위	피부미용 위생관리
직무 목적	고객을 신체적, 정신적으로 안정감을 주기 위하여 작업장을 위생적으로 제공하고 피부미용에 관련된 비품과 직원위생을 철저하게 관리할 수 있다.		
개발 날짜	2014. 11. 12	개발 기관	사)한국피부미용사회

직무 책임 및 역할

주요업무	책임 및 역할
피부미용 작업장 위생관리하기	• 위생관리 지침에 따라 피부미용 작업장 위생 관리 업무를 책임자와 협의하여 준비 · 수행할 수 있다. • 쾌적함을 주는 피부미용 작업장이 되도록 체크리스트에 따라 환풍, 조도, 냉 · 난방시설에 대한 위생을 점검할 수 있다. • 위생관리 지침에 따라 피부미용 작업장 청소 및 소독 매뉴얼을 작성할 수 있다. • 피부미용 작업장 소독계획에 따른 작업장 소독을 통해 작업장의 위생상태를 관리할 수 있다.
피부미용 비품 위생관리하기	• 위생관리 지침에 따라 피부미용 비품 위생관리 업무를 책임자와 협의하여 준비, 수행할 수 있다. • 위생관리 지침에 따라 적절한 소독방법으로 피부미용실 내부의 비품을 소독 · 보관할 수 있다. • 소독제에 대한 유효기간을 점검할 수 있다. • 사용종류에 알맞은 피부미용 비품의 정리정돈을 수행할 수 있다.
직원위생 관리하기	• 위생관리 지침에 따라 피부미용사로서 깨끗한 위생복, 마스크, 실내화를 구비하여 착용할 수 있다. • 장신구는 피하고 가벼운 화장과 예의 있는 언행으로 작업장 근무수칙을 준수할 수 있다. • 위생관리 지침에 따라 두발, 손톱 등 단정한 용모와 신체를 유지할 수 있다.

직무수행 요건

구 분	상세내용	
학습경험	• 고등학교 졸업	(전공 : 피부미용 관련과)
	•	(분야 : 피부미용)
자 격 증	• 미용사(피부) • CIDESCO (국제피부미용위원회) 자격	
지식 · 기술	• 고객과의 대화시 적절한 용어사용능력 • 고객심리에 관한 지식 • 고객예절에 관한 지식 • 공중위생관리법, 관련 법규 및 제도 • 실내 소독법 적용능력 • 안전사항에 관한 지식 • 작업장 비품 청소, 소독 기술	• 작업장 위생 관리 기술 • 작업장 환경관리 • 직원 위생관리에 관한 지식 • 쾌적한 작업장 조성 능력 • 피부미용 비품 소독에 관한 지식 • 피부미용사의 기본적인 외모 관리능력
사전직무경험	•	
직무숙련기간	• 약 6개월	

3 채용·배치·승진 체크리스트

채용 · 배치 · 승진 체크리스트 개요

1) 개념 : 근로자를 채용하거나 배치하거나 승진시키기 위하여 각 개인이 해당 직급에서 요구되는 직업능력을 어느 정도 가지고 있는지 확인하기 위한 진단도구

2) 구성요소

① 목적 ② 직급명 ③ 인적사항 ④ 능력구분 ⑤ 평가영역 ⑥ 평가문항 ⑦ 답변기재란 ⑧ 평가결과로 구성

구성요소	세부내용
① 목 적	• 평가를 실시하는 방향이나 이유로 채용, 배치, 승진이 있음
② 직급명	• 해당 조직에서 일의 종류나 난이도, 책임도 등의 유사성을 기준으로 구분한 등급
③ 인적사항	• 평가하고자 하는 예비근로자 및 근로자의 성명, 직위, 성별 등과 같은 개인적 특성
④ 능력구분	• 평가하고자 하는 직급에서 요구되는 직업능력의 구분(직업기초능력, 직무수행능력)
⑤ 평가영역	• 직업기초능력과 직무수행능력의 하위영역
⑥ 평가문항	• 예비근로자 및 근로자의 지식이나 활동을 측정하기 위한 측정가능하고 구체적인 문장
⑦ 답변기재란	• 평가자가 평가문항을 읽고 평가대상자의 행동과 일치하는 정도에 직접 표기하는 부분
⑧ 평가결과	• 기재한 답변을 합산하여 점수를 산출하고 해석

채용 · 배치 · 승진 체크리스트

목적 : □ 채용 : □ 배치 : □ 승진 : □	인턴

이　　름 :
직　　위 :
성　　별 :
특이사항 :

[직업기초능력]

평가 영역	평가문항	매우 미흡	미흡	보통	우수	매우 우수
의사소통 능력	직장생활에서 필요한 문서를 확인하고, 읽고, 내용을 이해하여 업무 수행에 필요한 요점을 파악하는 능력을 기를 수 있다.	①	②	③	④	⑤
	직장생활에서 목적과 상황에 적합한 아이디어와 정보를 전달할 수 있는 문서를 작성할 수 있다.	①	②	③	④	⑤
	다른 사람의 말을 주의 깊게 듣고 적절하게 반응할 수 있다.	①	②	③	④	⑤
	목적과 상황에 맞는 말과 비언어적 행동을 통해 아이디어와 정보를 찾고, 이를 효과적으로 전달할 수 있다.	①	②	③	④	⑤
문제 해결 능력	직장생활에서 발생한 문제를 해결하기 위해서 창의적, 논리적, 비판적으로 생각할 수 있다.	①	②	③	④	⑤
	직장생활에서 발생한 문제를 올바르게 인식하고 적절한 해결책을 적용하여 해결할 수 있다.	①	②	③	④	⑤
자원관리 능력	직장생활에서 필요한 물적자원을 확인하고, 확보하여 업무 수행에 이를 할당할 수 있다.	①	②	③	④	⑤
대인관계 능력	직장생활에서 다른 구성원들과 목표를 공유하고 원만한 관계를 유지하며, 자신의 역할을 이해하고 책임감있게 업무를 수행할 수 있다.	①	②	③	④	⑤
	고객서비스에 대한 이해를 바탕으로 실제 현장에서 다양한 고객에 대처할 수 있으며, 고객만족을 이끌어낼 수 있는 능력을 기를 수 있다.	①	②	③	④	⑤
기술능력	기본적인 직장생활에 필요한 기술의 원리 및 절차를 이해하는 능력을 기를 수 있다.	①	②	③	④	⑤
직업윤리	직업윤리를 실천하기 위하여 근면하고 정직하며 성실하게 업무에 임하는 자세를 배양할 수 있다.	①	②	③	④	⑤

[직무수행능력]

평가 영역	평가문항		매우 미흡	미흡	보통	우수	매우 우수
피부 미용 위생 관리	피부미용 작업장 위생관리 하기	위생관리 지침에 따라 피부미용 작업장 청소 및 소독 매뉴얼을 작성할 수 있다.	①	②	③	④	⑤
		쾌적함을 주는 피부미용 작업장이 되도록 체크리스트에 따라 환풍, 조도, 냉·난방시설에 대한 위생을 점검할 수 있다.	①	②	③	④	⑤
		위생관리 지침에 따라 피부미용 작업장 위생 관리 업무를 책임자와 협의하여 준비, 수행할 수 있다.	①	②	③	④	⑤
		피부미용 작업장 소독계획에 따른 작업장 소독을 통해 작업장의 위생상태를 관리할 수 있다.	①	②	③	④	⑤
	피부미용 비품 위생관리 하기	위생관리 지침에 따라 피부미용 비품 위생관리 업무를 책임자와 협의하여 준비, 수행할 수 있다.	①	②	③	④	⑤
		위생관리 지침에 따라 적절한 소독방법으로 피부관리실 내부의 비품을 소독 보관할 수 있다.	①	②	③	④	⑤
		소독제에 대한 유효기간을 점검할 수 있다.	①	②	③	④	⑤
		사용종류에 알맞은 피부미용 비품의 정리정돈을 수행할 수 있다.	①	②	③	④	⑤
	직원 위생관리 하기	장신구는 피하고 가벼운 화장과 예의 있는 언행으로 작업장 근무수칙을 준수할 수 있다.	①	②	③	④	⑤
		위생관리 지침에 따라 피부미용사로서 깨끗한 위생복, 마스크, 실내화를 구비하여 착용할 수 있다.	①	②	③	④	⑤
		위생관리 지침에 따라 두발, 손톱 등 단정한 용모와 신체를 유지할 수 있다.	①	②	③	④	⑤

[평가결과]

영　역	점　수
직업기초능력	영역별 점수 합산
직무수행능력	영역별 점수 합산
합　계	점수 합계

4 자가진단도구

자가진단도구 개요

1) 개념 : 업무를 성공적으로 수행하는데 요구되는 능력과 근로자 자신의 보유 능력을 비교·점검해 볼 수 있는 도구

2) 구성요소

① 번호체계 ② 진단항목 ③ 지시문 ④ 진단영역 ⑤ 진단문항 ⑥ 답변기재란 ⑦ 진단결과로 구성

구성요소	세부내용
① 번호체계	• 직업능력 자가진단도구를 분류하기 위하여 직업능력별로 부여된 번호
② 진단항목	• 진단하고자 하는 직업능력명
③ 지시문	• 진단문항을 읽고 답변을 기재하는 방법에 대한 안내문
④ 진단영역	• 진단하고자 하는 직업능력을 구성하는 하위영역과 세부영역
⑤ 진단문항	• 근로자(응답자)의 지식이나 활동을 측정하기 위한 측정가능하고 구체적인 문장
⑥ 답변기재란	• 근로자(응답자)가 진단문항을 읽고 자신의 상황이나 생각과 일치하는 정도에 직접 표기하는 부분
⑦ 진단결과	• 기재한 답변을 합산하여 점수를 산출하고 해석

1201010210_14v2	피부미용 위생관리

진단 영역	진단문항	매우 미흡	미흡	보통	우수	매우 우수
피부미용 작업장 위생관리 하기	1. 나는 위생관리 지침에 따라 피부미용 작업장 위생 관리 업무를 책임자와 협의하여 준비, 수행할 수 있다.	①	②	③	④	⑤
	2. 나는 쾌적함을 주는 피부미용 작업장이 되도록 체크리스트에 따라 환풍, 조도, 냉 · 난방 시설에 대한 위생을 점검할 수 있다.	①	②	③	④	⑤
	3. 나는 위생관리 지침에 따라 피부미용 작업장 청소 및 소독 매뉴얼을 작성할 수 있다.	①	②	③	④	⑤
	4. 나는 피부미용 작업장 소독계획에 따른 작업장 소독을 통해 작업장의 위생상태를 관리할 수 있다.	①	②	③	④	⑤
피부미용 비품 위생관리 하기	1. 나는 위생관리 지침에 따라 피부미용 비품 위생관리 업무를 책임자와 협의하여 준비, 수행할 수 있다.	①	②	③	④	⑤
	2. 나는 위생관리 지침에 따라 적절한 소독방법으로 피부미용실 내부의 비품을 소독 · 보관할 수 있다.	①	②	③	④	⑤
	3. 나는 소독제에 대한 유효기간을 점검할 수 있다.	①	②	③	④	⑤
	4. 나는 사용종류에 알맞은 피부미용 비품의 정리정돈을 수행할 수 있다.	①	②	③	④	⑤
직원위생 관리하기	1. 나는 위생관리 지침에 따라 피부미용사로서 깨끗한 위생복, 마스크, 실내화를 구비하여 착용할 수 있다.	①	②	③	④	⑤
	2. 나는 장신구는 피하고 가벼운 화장과 예의 있는 언행으로 작업장 근무수칙을 준수할 수 있다.	①	②	③	④	⑤
	3. 나는 위생관리 지침에 따라 두발, 손톱 등 단정한 용모와 신체를 유지할 수 있다.	①	②	③	④	⑤

[진단결과]

진단영역	문항 수	점수	점수 ÷ 문항 수
피부미용 작업장 위생관리하기	4		
피부미용 비품 위생관리하기	4		
직원위생관리하기	3		
합계	**13**		

※ 자신의 점수를 문항 수로 나눈 값이 "3점" 이하에 해당하는 영역은 업무를 성공적으로 수행하는데 요구는 능력이 부족한 것으로 교육훈련이나 개인학습을 통한 개발이 필요함.

5 훈련기준

개발목적

① 체계적이고 효과적인 직업능력개발을 위하여 훈련의 대상이 되는 직종별로 훈련의 목표, 교과내용 및 시설·장비와 교사 등에 관한 훈련기준 개발(근로자 직업능력개발법 제38조)

② 내용구성 : 훈련의 목표, 교과목 및 그 내용, 시설 및 장비, 훈련기간 및 훈련시간, 훈련방법, 훈련교사, 적용기간

활용대상

① 「근로자 직업능력개발법」에 따른 직업능력개발 훈련

② 기타 직업교육훈련

활용(예시)

- 국가직무능력표준에 따라 제시한 능력단위별 훈련기준을 조합하여 훈련기준으로 활용

〈방법 1〉 훈련이수체계도에서 제시한 훈련과정/과목으로 편성

〈자동차차체정비 훈련 예시〉

훈련수준	훈련모음		구분
	표준 직무	명칭	
1수준(정비사)	자동차차체정비	단품교환	
		방음방첨작업	

〈방법 2〉 훈련이수체계도에서 제시한 훈련과정/과목(필수)과 다른 직종의 훈련과정/과목(선택)으로 편성

자격종목	훈련모음		구분
	표준 직무	명칭	
1수준(정비사)	자동차차체정비	단품교환	필수
		방음방첨작업	
	자동차도장	건조작업	선택
		구도막제거작업	

훈련기준

I 개 요

1. 직 종 명 : 피부미용

2. 직종 정의 : 피부미용은 고객의 상담과 피부분석을 통하여 안정감 있고 위생적인 환경에서 얼굴 이나 전신의 피부를 미용기기와 화장품을 이용하여 서비스를 제공하고 피부미용에 대한 업무수행을 기획, 관리하는 업무에 종사

3. 훈련이수체계 (수준별 이수 과정/과목)

<table>
<tr><td>7수준</td><td>원 장</td><td>피부미용 숍 경영관리</td></tr>
<tr><td>6수준</td><td>부원장</td><td>피부미용 고객상담</td></tr>
<tr><td>5수준</td><td>실 장</td><td>피부미용 특수관리</td></tr>
<tr><td rowspan="3">4수준</td><td rowspan="3">팀 장</td><td>피부미용 피부분석</td></tr>
<tr><td>피부미용 고객마무리관리</td></tr>
<tr><td>피부미용 기기활용</td></tr>
<tr><td rowspan="3">3수준</td><td rowspan="3">관리사</td><td>얼굴관리</td></tr>
<tr><td>전신관리</td></tr>
<tr><td>피부미용 기구활용</td></tr>
<tr><td rowspan="2">2수준</td><td rowspan="2">인 턴</td><td>피부미용 화장품사용</td></tr>
<tr><td>피부미용 위생관리</td></tr>
<tr><td colspan="2">–</td><td>직업기초능력</td></tr>
<tr><td colspan="2">수준 / 직종</td><td>피부미용</td></tr>
</table>

※ 해당직종(음영)의 훈련과정을 편성하는 경우 훈련과정별 목표에 부합한 수준으로 해당 직종에서 제시한 능력단위를 기준으로 과정/과목을 편성하고, 이외 직종의 능력단위를 훈련과정에 추가 편성하려는 경우 유사 직종의 동일 수준의 능력단위를 추가할 수 있음

4. 훈련시설

시설명 \ 훈련인원	기준 인원	면적	기준인원 초과 시 면적 적용	시 설 활용구분(공용/전용)
강의실	30명	60m²	1명당 1.2m²씩 추가	공 용
컴퓨터실	30명	60m²	1명당 2.0m²씩 추가	해당 없음
피부미용 실습실	30명	250m²	1명당 3.3m²씩 추가	전 용
공구재료실	30m², 60명을 초과 시 10m²만 추가			전 용

※ 훈련시설은 훈련과정/과목에 필요한 시설을 구축

5. 교 사

「근로자직업능력 개발법」 제33조와 관련 규정에 따름

II 훈련과정

① 과정/과목명 : 직업기초능력

② 훈련개요

훈련목표	진단하고자 하는 직업능력명
수 준	–
최소훈련시간	장기훈련과정 편성시 전체 훈련시간의 10 %이하로 자율편성
훈련시설	강의실 또는 실습실
권장훈련방법	집체 또는 원격훈련

③ 관심내용

단 원 명	학 습 내 용
의사소통능력	• 업무를 수행함에 있어 글과 말을 읽고 들음으로써 다른 사람이 뜻한 바를 파악하고, 자기가 뜻한 바를 글과 말을 통해 정확하게 쓰거나 말하는 능력 함양
수리능력	• 업무를 수행함에 있어 사칙연산, 통계, 확률의 의미를 정확하게 이해하고 이를 업무에 적용하는 능력 함양
문제해결능력	• 업무를 수행함에 있어 문제 상황이 발생하였을 경우, 창조적이고 논리적인 사고를 통하여 이를 올바르게 인식하고 적절히 해결하는 능력 함양
자기개발능력	• 업무를 추진하는데 스스로를 관리하고 개발하는 능력 함양
자원관리능력	• 업무를 수행하는데 시간, 자본, 재료 및 시설, 인적자원 등의 자원 가운데 무엇이 얼마나 필요한지를 확인하고, 이용 가능한 자원을 최대한 수집하여 실제 업무에 어떻게 활용할 것인지를 계획하고, 계획대로 업무 수행에 이를 할당하는 능력
대인관계능력	• 업무를 수행하는데 있어 접촉하게 되는 사람들과 문제를 일으키지 않고 원만하게 지내는 능력
정보능력	• 업무와 관련된 정보를 수집하고, 이를 분석하여 의미 있는 정보를 찾아내며, 의미 있는 정보를 업무수행에 적절하도록 조직하고, 조직된 정보를 관리하며, 업무 수행에 이러한 정보를 활용하고, 이러한 제 과정에 컴퓨터를 사용하는 능력 함양
기술능력	• 업무를 수행함에 있어 도구, 장치 등을 포함하여 필요한 기술에는 어떠한 것들이 있는지 이해하고, 실제로 업무를 수행함에 있어 적절한 기술을 선택하여 적용하는 능력 함양
조직이해능력	• 업무를 원활하게 수행하기 위해 국제적인 추세를 포함하여 조직의 체제와 경영에 대해 이해하는 능력 함양
직업윤리	• 업무를 수행함에 있어 원만한 직업생활을 위해 필요한 태도, 매너, 올바른 직업관 함양

• 과정/과목명 : 1201010210_14v2 피부미용 위생관리

① 훈련개요

훈련목표	고객을 신체적, 정신적으로 안정감을 주기 위하여 작업장을 위생적으로 제공하고 피부미용에 관련된 비품과 직원위생을 철저하게 관리하는 능력
수 준	2수준
최소훈련시간	20시간
훈련시설	강의실, 피부미용 실습실
권장훈련방법	집체훈련

② 관심내용

단 원 명 (능력단위 요소명)	훈 련 내 용 (수행준거)	평가시 고려사항
피부미용 작업장 위생관리 하기	1.1 위생관리 지침에 따라 피부미용 작업장 위생 관리 업무를 책임자와 협의하여 준비, 수행할 수 있다. 1.2 쾌적함을 주는 피부미용 작업장이 되도록 체크리스트에 따라환풍, 조도, 냉 · 난방시설에 대한 위생을 점검할 수 있다. 1.3 위생관리 지침에 따라 피부미용 작업장 청소 및 소독 매뉴얼을 작성 할 수 있다. 1.4 피부미용 작업장 소독계획에 따른 작업장 소독을 통해 작업장의 위생상태를 관리할 수 있다.	• 평가자는 다음의 사항을 평가해야 한다. – 조명의 적절성 고려 능력 – 청소하기에 용이한 동선과 바닥재질의 고려상태 – 적절한 내부온도와 환기상태 점검 능력 – 작업실, 휴게실 구분동선 배치 능력 – 피부 미용기기및 기구의 위생상태 파악 능력 – 기구의 위생상태 파악능력 – 위생상태 (위생복, 마스크, 손톱, 손 소독) 점검 능력 – 관련 법규에 의한 시설기준 파악 능력 – 소독약품 및 소독기간
피부미용 비품 위생관리 하기	2.1 위생관리 지침에 따라 피부미용 비품 위생관리 업무를 책임자와 협의하여 준비, 수행할 수 있다. 2.2 위생관리 지침에 따라 적절한 소독방법으로 피부관리실 내부의 비품을 소독 보관할 수 있다. 2.3 소독제에 대한 유효기간을 점검할 수 있다. 2.4 사용종류에 알맞은 피부미용 비품의 정리정돈을 수행할 수 있다.	
직원위생 관리하기	3.1 위생관리 지침에 따라 피부미용사로서 깨끗한 위생복, 마스크, 실내화를 구비하여 착용할 수 있다. 3.2 장신구는 피하고 가벼운 화장과 예의 있는 언행으로 작업장근무수칙을 준수할 수 있다. 3.3 위생관리 지침에 따라 두발, 손톱 등 단정한 용모와 신체를 유지할 수 있다.	

③ 지식 · 기술 · 태도

구 분	주 요 내 용
지 식	• 고객심리에 관한 지식 • 고객예절에 관한 지식 • 공중위생관리법, 관련 법규 및 제도 • 안전사항에 관한 지식 • 작업장 환경관리 • 직원 위생관리에 관한 지식 • 피부미용실 내 세탁물 위생관리에 관한 지식 • 피부미용 비품 소독에 관한 지식
기 술	• 고객과의 대화시 적절한 용어사용능력 • 고객에게 위생적인 느낌을 주는 능력 • 실내 소독법 적용능력 • 작업장 비품 청소, 소독 기술 • 작업장 위생 관리 기술 • 작업장 위생 관리 기술 • 쾌적한 작업장 조성 능력
태 도	• 고객요청을 적극적으로 수용하는 태도 • 고객을 편안하게 배려하는 태도 • 안전사항 준수 • 위생적인 작업 준수 • 피부미용실 내부에 대한 전반적인 파악능력

④ 장비

장 비 명	단 위	활용구분(공용/전용)	1대당 활용인원
• 자외선 소독기	대		30
• 고압 멸균기	대		30

⑤ 재료

재 료 목 록
• 중성세제 • 알코올 • 크레졸

※ 재료는 주재료만 제시한 것으로 그 외의 재료는 별도로 확보

6 출제기준

개발목적

• 각종 자격의 시험문제 작성시 활용하는 기준을 국가직무능력표준에 따라 제시하기 위하여 출제기준(시안)* 개발

* 출제기준(시안) : 출제기준의 경우에는 이를 확정하는 절차를 법령으로 정하여 운영함에 따라 확정된 "출제기준"과 국가직무능력표준을 근거로 마련된 출제기준을 구분하기 위하여 "출제기준(시안)" 용어 사용

활용대상

① 국가기술자격법에 따른 국가기술자격

② 개별법령에 따른 국가전문자격

③ 자격기본법에 따른 공인민간자격, 민간자격

④ 고용보험법에 따른 사업내 자격

활용(예시)

• 자격 및 자격취득자 특성에 따라 능력단위별 출제기준(시안)을 조합하여 출제기준으로 활용

〈방법〉 국가직무능력표준 개발 시 관련자격 개선 의견(예시)로 제시된 내용을 그대로 활용

자격종목	능력단위		수 준
	분류번호	명 칭	
궤도기능사(가칭)	14220603_12v1	궤도부설	5
	14220602_12v1	레일용접	4
	14220605_12v1	부대공사	3

출제기준(시안)

I 자격개요

자격 정의

대분류	12. 이용 · 숙박 · 여행 · 오락 · 스포츠	중분류	01. 이 · 미용	소분류	01. 이 · 미용 서비스
자격종목명		미용사(피부)		분류번호	12010102
자격종목정의		피부미용은 고객의 상담과 피부분석을 통하여 안정감 있고 위생적인 환경에서 얼굴이나 전신의 피부를 미용기기와 화장품을 이용하여 서비스를 제공하고 피부미용에 대한 업무수행을 기획, 관리하는 능력이다.			

Ⅱ 능력단위별 출제기준(시안)

<table>
<tr><td>능력단위</td><td colspan="2">피부미용 위생관리</td><td rowspan="2">능력단위 수준</td><td rowspan="2">2수준</td></tr>
<tr><td>부류번호</td><td colspan="2">1201010210_14v2</td></tr>
<tr><td>능력단위정의</td><td colspan="4">고객을 신체적, 정신적으로 안정감을 주기 위하여 작업장을 위생적으로 제공하고 피부미용에 관련된 비품과 직원위생을 철저하게 관리 하는 능력이다.</td></tr>
<tr><td rowspan="2">평가방법</td><td colspan="2">지필평가: 단답형</td><td>시 간</td><td>30분</td></tr>
<tr><td colspan="2">실무평가: 수행평가</td><td>시 간</td><td>30분</td></tr>
<tr><td rowspan="4">평가
내용</td><td>능력단위 요소
(세부항목)</td><td colspan="3">수행준거
(세세항목)</td></tr>
<tr><td>1201010210_14v2.1
피부미용 작업장
위생관리하기</td><td colspan="3">1.1 위생관리 지침에 따라 피부미용 작업장 위생 관리 업무를 책임자와 협의하여 준비 · 수행할 수 있다.
1.2 쾌적함을 주는 피부미용 작업장이 되도록 체크리스트에 따라 환풍, 조도, 냉 · 난방시설에 대한 위생을 점검할 수 있다.
1.3 위생관리 지침에 따라 피부미용 작업장 청소 및 소독 매뉴얼을 작성 할 수 있다.
1.4 피부미용 작업장 소독계획에 따른 작업장 소독을 통해 작업장의 위생상태를 관리할 수 있다.</td></tr>
<tr><td>1201010210_14v2.2
피부미용 비품
위생관리하기</td><td colspan="3">2.1 위생관리 지침에 따라 피부미용 비품 위생관리 업무를 책임자와 협의하여 준비 · 수행할 수 있다.
2.2 위생관리 지침에 따라 적절한 소독방법으로 피부미용실 내부의 비품을 소독 · 보관할 수 있다.
2.3 소독제에 대한 유효기간을 점검할 수 있다.
2.4 사용종류에 알맞은 피부미용 비품의 정리정돈을 수행할 수 있다.</td></tr>
<tr><td>1201010210_14v2.3
직원위생관리하기</td><td colspan="3">3.1 위생관리 지침에 따라 피부미용사로서 깨끗한 위생복, 마스크, 실내화를 구비하여 착용할 수 있다.
3.2 장신구는 피하고 가벼운 화장과 예의 있는 언행으로 작업장 근무수칙을 준수할 수 있다.
3.3 위생관리 지침에 따라 두발, 손톱 등 단정한 용모와 신체를 유지할 수 있다.</td></tr>
<tr><td>관련
지식</td><td colspan="4">• 고객심리에 관한 지식
• 고객예절에 관한 지식
• 공중위생관리법, 관련 법규 및 제도
• 안전사항에 관한 지식
• 작업장 환경관리
• 직원 위생에 관한 지식
• 피부미용실 내 세탁물 위생관리에 관한 지식
• 피부미용 비품 소독에 관한 지식</td></tr>
<tr><td>평가
시설
장비</td><td colspan="4">• 컴퓨터 및 주변기기
• 피부관리용 제품
• 피부미용기기 및 기구</td></tr>
</table>

찾아보기

참고문헌

- 강근영 외, "메이크업 디자인", 훈민사, 2003
- 강수경 외, "살롱 트리트먼트", 청구문화사, 2003
- 강신옥 외, "뷰티살롱 경영&트리트먼트", 훈민사, 2013
- 권혜영 외, "공중위생관리학", 메디시언, 2014
- 김기연 외, "피부미용실 운영실습", 현문사, 2009
- 김봉인 외, "NEW 미용기기학", 메디시언, 2013
- 김선희 외, "The Beauty Make up", 훈민사, 2011
- 김윤정 외, "공중위생관리학", 퍼시픽북스, 2008
- 김춘자, "뷰티테라피스트를 위한 미용기기관리학", 훈민사, 2014
- 박지영 외, "소독과 감염병학", 정담미디어, 2012
- 한명숙, "마뀌아쥬 예술", 청구문화사, 2001

NCS 적용교육!!

피부미용 위생관리

2015년 9월 1일 초판 인쇄
2015년 9월 10일 초판 발행

저 자 이병철 · 김현숙 · 김지혜 · 박미희 · 박하나
임혜진 · 강근영 · 김경미 · 김문주 · 김봉인
김선희 · 김수미 · 김은희 · 박정원 · 심선녀
양현옥 · 조희진 · 최경임

발행인 주 병 오

발행처 메디시인

경기도 파주시 회동길 209
파주출판문화정보산업단지

영업팀 (031)955－7566 · 7577
편집디자인팀 (031)955－7731
F A X (031)955－7730
홈페이지 www.ji-gu.co.kr
이메일 jigupub@hanmail.net

ISBN 979－11－86739－01－3 값 20,000원